U0093496

軟實力的底蘊

The Power of Culture

A Study on Organizational Cultural Identification in Chinese Context

中國背景下的企業文化認同感研究

陳致中◎著

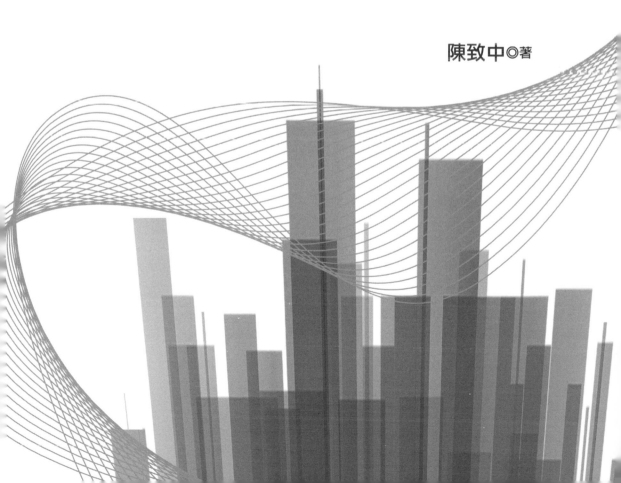

序

　　隨著閱歷的增加，以及對人類社會和管理學理論研究的深入，我越來越相信：競爭是生命存在的方式，所謂「物競天擇，適者生存」。曾幾何時，恐龍是最強大的動物，但是這個「巨無霸」卻無法適應地球的變遷，最終走向滅絕；螞蟻很小，經不住人們手捏、腳踩，但它們卻頑強地生存下來，並生機勃勃。為什麼？一是螞蟻具有團隊作戰的特點，一群螞蟻通力合作，可以搬走一個花生皮，也可以應對其他的挑戰；二是螞蟻具有旺盛的生殖能力，在大量「減員」的同時，又大量繁殖出後代。這樣的例子屢見不鮮。看似龐然大物，卻無法持續生存；看似不值一提，卻能生機勃勃。這是由不同動物的行為適應性和遺傳基因決定的，這雖談不上「文化」，卻有與人類文化相似的因素在起作用。

　　人類與一般動物有本質的不同，人有思想，有感情，有辯證思維，人類社會的競爭紛繁複雜，既有與自然環境變遷相適應的挑戰，也有與社會環境變遷相適應的挑戰。不同的種族，不同的國家，不同的社會群體，在這種殘酷的競爭中悟出一個道理：要在競爭中生存下來，單打獨鬥是不行的，必須靠群體的力量，萬眾一心地去爭生存，爭發展。而要凝聚成千上萬的人，必須建立一個共同的目標，必須培養合作的願望，必須建立良好溝通的管道，必須制定形成合力的群體規範，必須形成共同遵循的價值觀念……一言以蔽之，必須建立完善的文化。

　　縱觀人類社會，大體上可分為4個主要的文化圈：

1、天主教文化圈：主要在歐美發達國家

2、儒學文化圈：主要在中國、日本、韓國等東亞地區

3、佛教文化圈：主要在印度、泰國、緬甸等南亞地區

4、伊斯蘭教文化圈：主要在中東、北非、南亞地區，阿拉伯人，馬來人聚居的國家

　　我不是社會學家，也不是人類學、宗教學家，但從管理學角度來看，地球上存亡興替的過程，無不與這四個文化圈的消長興衰有關。

　　儒學文化圈曾經在中國造就了強大的漢、唐、明朝，它們在當時的世界，不僅在政治、軍事和文化上是先進的，而且在經濟上也是先進的。那麼，為什麼從明末開始迅速走下坡，甚至淪為西方列強瓜分和欺凌的對象呢？歸根結底，是由於儒家文化的局限性。例如，「重農輕商」的傳統妨礙商品經濟的發展；「重義輕利」的傳統進一步扼殺了人們經濟活動的進取心；「述而不作」、「祖宗之制不可改」等理念不利於人們創新精神的發揚，特別是不利於技術和政治制度的創新；而重農輕商的傳統，使經濟活動主要局限在農業領域，限制了科學技術、工業和商業的發展。在西方的科學技術革命、工業革命和資產階級革命面前，在由此形成的堅船利炮面前，中國屢屢敗下陣來。歷史證明，一種先進的文化可以造就一個民族和國家的振興，反之，一種落後的文化可以帶來一個民族和國家的災難。文化是人類社會競爭的一把利器，文化的傳承和更新是人類進步的強大動力。

　　在儒家文化圈中，日本最先崛起，因為他們搞了明治維新，吸收了西方文明中的有益元素。改革開放以來，中國經濟連續三十年高速成長，同樣是由於我們擺脫了儒家文化中消極因素的束縛，大膽借鑒了西方的市場經濟、科學技術和現代管理之長，補自己之短，而且明智地發揚了儒家文化的精華——勤勞節儉、追求和諧、重視群體、致富興國的傳統，成為中國經濟崛起的獨有動力。

　　隨著中國的崛起，越來越多的中國人認識到：無論是國家之間，還是企業之間的競爭，不僅是硬實力的較量，也是軟實力的比拼。改革開放三十年，中國的經濟得到高速成長，硬實力為世界矚目，但很少有人講到中國軟實力的優勢。

　　2009 年 11 月 5 日美國總統奧巴馬訪問中國，美國《時代》雜誌亞洲版刊登了一篇封面文章——《美國要向中國學習的五件事》：

　　第一件：進取心——中國實踐「我能」精神。美國人發明了「我能」的口號，而中國人多年以來一直實踐著一種「我能」的精神，一種「勇敢向前」的

精神。

　　第二件：重視教育——中國提供聰明勞動力。中國的識字率已經超過 90%，而美國只有 86%；中國的家庭對教育非常看重；中國提供的不是廉價勞動力，而是聰明勞動力。

　　第三件：敬老——養老是整個家庭的責任。在中國，這樣的社會契約貫徹曆幾千年：父母撫養子女，子女瞻仰父母，這種家庭模式爲文化的傳承和社會的融合建立了紐帶。而美國老人很多都居住在養老機構中，對老年人的照顧不周可能會導致美國社會的倒退。

　　第四件：儲蓄——經濟想豐收，儲蓄是種子。2005 年時，美國個人儲蓄率降到 0，當前爲 4%，不久可達到 6%。而在中國家庭儲蓄率已達到 20%。久而久之，高儲蓄率帶來投資的增加，進而促進生產力的發展、創新和就業率的增加。

　　第五件：眼界——中國人有更偉大的追求。政府搞基建不光是爲了擴大就業，孩子們努力學習也不是爲了好玩，他們都有更偉大的追求。中國的驕傲來自於，今天的努力工作，意味著幾十年後後人將享受今人創造的幸福生活。對於面對 26 年來最嚴重衰退的美國人來說，這才是最應該學習的東西。

　　該篇文章講的就是中國崛起的重要原因——軟實力的增長。當然，我們必須看到：中國在軟實力方面仍然存在著許多問題，有些問題還十分嚴重。簡言之，一些中國人的膽子太大：醉酒也敢開車，住人也敢拆房，學者敢指鹿爲馬，媒體敢無中生有，球員敢屢打假球，裁判敢大吹黑哨，官員敢買官賣官，員警敢刑訊逼供……一句話，各行各業都有不少的人敢於突破底線——道德底線、法律底線；各行各業往往都把賺錢擺在第一位，而缺乏對高尚境界的追求。在共同信仰上的倒退，在價值觀念上的混亂，以及在文化品位上的迷失，極大地阻礙著我國軟實力與硬實力的同步增長。

　　最近中央公佈了國家核心價值觀，這是一件好事。但要真正踐行核心價值觀，則需要家庭、學校、企業、政府、文化事業單位的共同的、堅持不懈的努力。筆者相信，隨著中國家庭文化、學校文化、機關文化、企業文化的進一步

提升，中國的國家凝聚力和競爭力必將迎來新一輪的增長。

2014 年 4 月 1 日，習近平總書記在比利時布魯日歐洲學院講演中指出：「中國是有著悠久文明的國家。2000 多年前諸子百家的許多理念，至今仍然深深影響著中國人的生活。中國人看待世界、社會、人生，有自己獨特的價值體系。中國人獨特而悠久的精神世界，讓中國人具有很強的民族自信心，也培育了以愛國主義爲核心的民族精神。」他還強調：「脫離了中國的歷史，脫離了中國的文化，脫離了中國人的精神世界，脫離了當代中國的深刻變革，是難以正確認識中國的。」毫無疑問，習近平強調了中國文化的特殊性，強調了文化識別的重要性，以及研究文化的重要意義。

文化是這樣重要和富有魅力，吸引著許多學者研究文化，但文化研究是十分困難的，因爲有許多錯綜複雜的因素在影響著文化，而文化本身又有許多隱形的、難以測量和幾乎無法準確表述的內容。我和我的弟子們，在近三十年的時間中，致力於組織文化的研究，取得了一些有益的成果。陳致中副教授的這本專著，就是這些研究的最新成果。這本專著爲我們提供了許多新理念、新視角：

第一，　　提供了組織文化認同度這一新的研究視角。作者開發出「組織文化認同度」量表，它分爲認知、情感、行爲和社會化四個維度，除了遵循心理學的認知原則外，這也體現了文化認同的過程。一般情況下，員工是先瞭解、記住組織文化，才會對文化產生情感上的歸屬，進而以實際行動來支持文化建設，並把組織的價值體系內化到自己心靈。

第二，　　有助於讀者正確理解組織文化的作用。作者主要在探討組織文化認同度的概念結構和作用機制。經過實證分析，發現組織文化認同度確實有助於提高員工的組織承諾，降低員工的離職意向。這就證明了組織文化建設對組織效能有所助益，至少它能夠提高員工對組織的投入感、向心力和責任感，並降低員工離職的可能性。

第三， 提供了人際和諧這一新的研究視角和研究工具。作者通過嚴謹的紮根理論方法，開發出「組織人際和諧量表」，量表分為同事和諧、上下級和諧、整體和諧三個維度，體現了不同的人際關係和不同的和諧內涵，有助於讀者更深入地瞭解本組織中哪一類和諧表現較好、哪一類和諧需要改善，從而明確和諧文化的建設方向。

第四， 從文化視角研究變革型領導。作者對變革型領導的作用機制，及其和組織文化認同度的關係進行了探索，證明變革型領導有助於提高員工的文化認同度，以及組織內的人際和諧氣氛。換句話說，本書從文化視角證明變革型領導是相當有效的領導方式。

第五， 提供了文化診斷的新工具。作者開發出的「組織文化認同度量表」，可以作為組織文化建設的考核工具。而「組織人際和諧量表」可以作為組織衡量內部和諧狀況、考核和諧文化建設成效的工具。

第六， 有助於傳媒集團的管理者更加深入地探索本身的組織文化與員工行為。

過去，傳媒行業由於本身體制和經營模式上的特殊性，加上傳媒集團本身通常規模較小、人員結構也不及其他產業的企業集團那般複雜，因此傳媒集團的經營管理相對較為依賴經驗，較少利用現代化、科學化的管理工具和手段來優化自身的經營模式與管理方法。特別在對內部人員的管理方面，雖然許多傳媒集團領袖（如南方報業集團的領導班子，和廣州日報集團領導班子等）已經意識到組織文化內聚人心、外塑品牌的作用和重要性，也有意識想打造強勢的組織文化，但卻苦於缺乏足夠的理論和方法支持，顯得有心無力。

而本研究通過自行建構的組織文化認同度量表（OCIS）和組織人際和諧量表（OIHS），加上組織文化類型、組織承諾、離職意向等規範的組織行為研究工具，針對《聯合報》和《南方都市報》兩家有代表性的報業集團進行調研，證實了這些組織文化和組織行為研究工具、量表同樣適用於針對傳媒集團的研究；本研究並通過實證分析，指出了《聯合

報》和《南方都市報》兩家報業集團在組織文化類型、文化認同度、組織承諾等方面的不足之處。這些內容對於其他傳媒集團同樣具有借鑒作用。

第二次世界大戰後，美國取代英國而成為世界第一強國，研究美國成為世界的熱點；上世紀 70 年代，日本經濟崛起，80 年代全球形成了研究日本的熱潮；當今中國的經濟崛起，又吸引了全世界的眼球，在一次中國人力資源管理研討會上，一位美國教授大聲疾呼：「現在到了全世界研究中國的時候了！」

我把本書推薦給那些想研究中國，研究中國文化，研究中國經濟崛起，研究中國企業振興之路的人們，以及那些致力於打造優秀的企業文化、不斷提升企業競爭力的企業家和職業經理們，祝願他們從本書中吸取智慧，牽獻出更新的研究成果和實戰業績，推動中國企業的持久地繁榮，推動中華民族的偉大復興，推動當今的世界變得更加美好。

張德（清華大學經濟管理學院教授、博士生導師）

2014 年 5 月 7 日於清華

內容提要

文化（Culture）是什麼？這是個我們每天都會聽到，但很可能沒有多少人名白其意義的辭彙。Culture 這個字源於拉丁文 Cultura（耕耘、耕種），含有某種特定的行動、關照事物及與自然界互動的方式之意。在二十世紀以前，「文化」是帶有社會階層含義的，人們把文化與高尚的修養、禮儀，乃至於文學、繪畫、雕刻、歌劇等藝術聯繫在一起，用來區分「有文化」和「沒文化」的不同階層。

不過到了二十世紀，社會學和人類學研究中的「文化」則逐漸變成了中性辭彙，代表一個族群（或群體、民族、國家）所共同享有的知識、信仰、藝術、道德、法律、習慣，以及其他人類作為社會的成員而獲得的種種能力、習性的一種複合整體；換言之，文化就是人類在社會歷史發展過程中，所創造的物質財富和精神財富的總和。

而組織，作為一種有明確目的的、有系統地集合起來的人類群體，自然也有著自身的文化，自從佩蒂格魯（Andrew Pettigrew）教授 1979 年明確提出「組織文化」一詞後，文化管理的風潮就此席捲了大半個管理學界。學者張德（2003）因此認為，1980 年代以後，管理學從「科學管理」轉向了「文化管理」的時代。

在這股風潮下，愈來愈多的組織認識到組織文化的重要性，並紛紛投入到組織文化建設中來。然而，不得不承認的是，文化這個概念的內容太過廣泛而複雜，以至於迄今為主，仍一個完全公認的、令所有人都滿意的文化定義。雖然三十多年來，有無數學者投身到對組織文化定義、結構、作用、影響等方面的研究中，但直到今天，仍然沒有人敢宣稱自己已經徹底瞭解「文化」——畢竟，文化代表了一群人所共用的信仰、價值觀、知識、道德和習慣等，一切又一切的總和，當你研究文化時，你已經身在文化當中，不斷被文化所影響，以至於往往研究的越多，迷茫之處也越多。

這形成了十分詭譎的困境：一方面是文化建設熱火朝天，另一方面，人們越是研究文化，越是發現自己無法完全弄懂文化。無疑，由於理論的不夠完善、方法的不夠系統、研究工具的不夠全面等因素，組織「文化建設」的難度遠比

一般人想像中更大。

在傳媒研究領域，情況也是如此。目前已經有許多學者注意到打造傳媒自身文化的重要性，如南方都市報、廣州日報等報業集團均在一定程度上重視自身的文化提煉和建設。然而目前在學術界，對於傳媒組織文化的研究幾乎還是一片空白，學術和實踐之間巨大的落差，使得國內的傳媒集團在文化建設方面總有「不知該從何著手」之憾。而這也是本書寫作的動力所在：畢竟，社會科學研究總是源於對現實問題的認知，以及解決問題的渴望，最終，我們希望對組織文化的研究能夠「從實踐中來，到實踐中去」。

作為嚴謹的學術研究，本書並不奢望徹底瞭解「組織文化」這一複雜和包羅萬象的概念，而是選擇了相對集中的視角——「小題大做」式的研究，正是嚴謹的社會科學所崇尚的研究方式——本書對組織文化的探討，主要集中在「文化認同度」這個主題上。文化是作用在員工身上的，因此如何提高員工對文化的認同程度，可以說是文化建設的核心內容。基於此，本研究首先構建了組織文化認同度的概念與維度結構，進而探討了組織文化認同度的作用機制，揭示了變革型領導、組織人際和諧通過組織文化認同度，而影響組織效能的過程模型。

接下來，本書對於兩家企業，和兩家報業集團分別進行了實證研究，分析其組織文化方面的表現、優勢和不足，並提出了改進建議。通過這樣的研究過程，完成了從理論到實證，從資料到案例分析的完整脈絡，真正做到「從實踐中來，到實踐中去」。

本研究主要進行的工作包括：（1）探索研究。通過對 10 家企業、52 名管理者的深度訪談和開放式問卷調查，直觀瞭解了組織文化認同的內涵與影響。根據紮根理論思想，提煉出組織文化認同度的維度結構，並根據專家意見，提煉出組織人際和諧這一新概念，編制出組織文化認同度、組織人際和諧量表，並對 117 名 MBA 學生進行預測試，完成量表的修訂。（2）實證研究。對 8 家企業、480 名員工進行問卷調查，驗證了組織文化認同度的二階四維結構、組織人際和諧的二階三維結構。採用回歸分析、偏相關分析和結構方程模型，驗證了變革型領導、組織人際和諧通過組織文化認同度而影響組織承諾、離職意向的過程模型。（3）案例研究。以本書研究結論為基礎，對兩家企業進行文化診斷並提出對策建議。（4）傳媒研究。通過本研究開發的組織文化認同度、組織人際和諧、變革型領導等研究工具，對兩家報業集團（臺灣地區《聯合報》及

廣州地區《南方都市報》）進行實證調查，剖析報業集團的組織文化、員工文化認同度等組織行為方面的表現，明確其優勢和不足。

主要研究結論包括：（1）組織文化認同度可以通過認知層面、情感層面、行為層面和社會化層面四個維度來解釋；（2）組織人際和諧可以通過同事和諧、上下級和諧、整體和諧三個維度解釋；（3）組織文化認同度對組織承諾有正向影響，對離職意向有負向影響。組織人際和諧對組織文化認同度有影響，且會通過組織文化認同度而影響組織承諾、離職意向。因此，員工對文化的認同程度，以及組織的人際和諧氛圍，都會影響組織的效能（4）變革型領導會通過組織人際和諧、組織文化認同度而影響組織承諾、離職意向。（5）年資較深、年齡較大的員工，對組織文化的認同程度較高。（6）組織文化認同度、組織人際和諧、組織承諾等變數結構，及變數間的互動關係，在傳媒組織當中同樣存在，因此對於傳媒集團而言，打造自身的組織文化，並提高員工對組織文化的認同，乃當務之急。

在主要內容方面，本書共有 8 章，主要圍繞組織文化認同度的結構及其影響而進行，主要內容如下：

第一章，序論。提出了研究問題、研究目標與研究意義，並明確了本書的研究方法、基本思路，及其主要研究內容。

第二章，文獻綜述。對國內外文獻進行回顧和總結，界定了組織文化認同度、組織承諾、離職意向、變革型領導等相關概念，分析現有研究的貢獻和不足，並明確了本書的研究方向。

第三章，探索性研究。通過訪談、開放式問卷調查和文獻抽取三管齊下的方式，直觀瞭解組織文化認同度的概念、衡量方式及影響。根據紮根理論的思想，對收集到的資料進行歸納和抽取，提取出員工組織文化認同度的 4 個維度，編制出相應的量表條目。同時，根據專家討論的結果，又提出了組織人際和諧這一全新概念，並編制出相應量表。通過對 117 名 MBA 學生的預測試資料，完成量表的修訂和員工組織文化認同度、組織人際和諧結構的探索性因子分析。

第四章，在探索性因子分析的基礎，驗證組織文化認同度、組織人際和諧兩者的結構，為下一步的研究奠定基礎。驗證性因子分析發現，組織文化認同度可以被分解為認知、情感、行為、社會化等 4 個維度，而且這三個維度從屬於一個二階的潛變數。組織人際和諧則可以通過同事和諧、上下級和諧、員工和諧等 3 個維度來解釋，且這 3 個維度從屬於一個二階的潛變數。

第五章，變革型領導、組織人際和諧、組織文化認同度、組織承諾和離職意向之間的關係驗證。通過收集大樣本資料，採用方差分析驗證員工特質與組織文化認同度的關係；採用回歸分析驗證組織文化認同度、組織人際和諧與組織承諾、離職意向的關係，及變革型領導對組織文化認同度和組織人際和諧的影響；採用層次回歸分析、結構方程模型驗證變革型領導通過組織人際和諧、組織文化認同度而影響組織承諾、離職意向的作用機制。

第六章，案例分析。以實證研究結論爲基礎，對兩家企業的組織文化進行診斷，並提出了相應的建設企業文化的對策與建議。

第七章，針對傳媒組織的考察。特別選擇《南方都市報》和臺灣的《聯合報》爲對象，探討兩報的組織文化類型、文化認同度、組織承諾等方面的表現，提出改進建議，同時檢驗本研究所開發的量表在傳媒研究中的適用性。

第八章，結論與建議。對本書的主要研究工作與研究結論進行總結，提煉出本書主要創新點，並指出本書研究不足以及今後的研究方向。

陳致中 2014年5月於暨南大學

Abstract

It is broadly considered that the 21st century is the age of cultural management. More and more organizations regard culture as a critical issue for their survival and continuous development, and have begun to place building and renewing culture as key items in their agendas. However, due to the lack of theoretical indications, especially the theory about how to evaluate employees' identity for culture, and the effect of cultural identity on organizational effectiveness, it is extremely difficult for organizations to build a suitable culture, or enhance their performance by implementing culture. Therefore, this research tries to explore the structure and mechanism of organizational cultural identity, and to build and test a model that transformational leadership and organizational harmony affecting organizational effectiveness through cultural identity.

The works of this study include:

(1) Exploratory research. By interviewing 52 managers in 10 companies, we collected a lot of intuitive data about culture identity. Then through grounded theory, four dimensions of cultural identity were extracted. We asked some experts to evaluate these dimensions, and extracted a whole new concept of 「organizational interpersonal harmony」 according to experts' opinions. Finally, the scales of organizational cultural identity and organizational interpersonal harmony were established. By pre-testing on 117 employees, the final version of scales was proposed.

(2) Empirical research. Gathering data from 480 employees of 8 enterprises, we tested the two hierarchies-four dimensions structure of organizational cultural identity, and the two hierarchies-three dimensions structure of organizational interpersonal harmony. Using hierarchical regression, partial correlations and structural equation model (SEM), we built the influential model of transformational leadership and interpersonal harmony on organizational commitment and turnover intention, intermediated by cultural identity. Through these processes, the structure and mechanism of organizational cultural identity were revealed.

(3) Case study. According to the conclusion of empirical research, we did cases studies on two enterprises, and some advices for building organizational culture were proposed.

(4) Media study. We did cases studies on two newspaper groups (Taiwan: United Daily News, Guangzhou: Southern Metropolis Daily News), analyzed their performance in cultural dimensions, cultural identification, organizational commitment and turnover intention. After that, some advices for building organizational culture in these media were proposed.

The conclusions of this study include: (1) Organizational cultural identity consists of four dimensions: cognitive, affective, behavioral, and social. (2) Organizational interpersonal harmony consists of three dimensions: colleague harmony, leader-member harmony, and total harmony. (3) Organizational cultural identity has positive influence on organizational commitment, and negative influence on turnover intention. Organizational interpersonal harmony has influence on organizational cultural identity, and could affect organizational commitment and turnover intention through organizational cultural identity. (4) Transformational leadership could affect organizational commitment and turnover intention through the intermediation of organizational cultural identity and organizational interpersonal harmony. (5) Employees' age and work experience would affect their cultural identity toward the organization

目　　錄

第 1 章 序論

1.1 選題背景

在 21 世紀，「人」已然成爲組織中最重要的資源，企業任何的生產或經營活動，均需要人力資源的配合，才能夠實現組織的目標。而想要使企業內的人力資源生生不息地運作下去，就需要有一套企業上下共同遵守的價值體系，也就是企業文化。倘若缺乏企業文化的支持，縱使擁有雄厚的有形資產，企業仍無法完全發揮戰鬥力，也無法成就大目標與大事業（施振榮，1999）。

文化除了對企業本身無比重要外，對組織內的員工更是影響深遠，從企業文化與員工關係的實證研究中（Lahiry，1994；彭鳳明，1996；黃英忠、吳融枚，2000），先是企業文化會顯著地影響員工的組織承諾。同時，企業文化也是開啓組織承諾、影響價值觀的關鍵，和達成組織預期結果的工具（Slocum，1996；Hodge、Anthony & Gales，1996）。

隨著中國經濟改革的深化和企業自身的發展，許多企業也開始體會到文化建設的重要性。特別是加入 WTO 後，經濟全球化趨勢加強，企業面臨更加激烈的國際競爭和複雜多變的外部環境，越來越多的中國企業認識到組織文化對其生存、發展尤其是可持續發展的重要影響，把學習組織文化理論、組織文化策劃和更新列上議事日程（張德，2003）。同時，政府也認識到組織文化發展對提高組織競爭力的重要作用，2005 年國務院國有資產管理委員會印發了《關於加強中央企業企業文化建設的指導意見》，明確提出要用三年左右的時間，基本建立起適應世界經濟發展趨勢和中國社會主義市場經濟發展要求，遵循文化發展規律，符合企業發展戰略，反映企業特色的企業文化體系，中國掀起了企業文化建設的熱潮。

然而，儘管中國企業熱切迎接文化管理的時代，但在文化管理的具體操作上，仍存在明顯的不足，這可以從全國企業家系統 2004 年的調查結果得到印證。

中國企業家調查系統（2004）對 2881 家企業進行了「2004 年中國企業經營者問卷跟蹤調查」，調查結果顯示：高達 88%的企業經營者認爲企業文化對企業發展影響較大，67.3%的認同「企業文化是企業核心競爭力」的說法，說明越來越多的中國企業家認識到企業文化的重要性。

但與此同時，超過 2/3 的被調查者卻認爲企業領導人很少重視企業文化建設。而在建設企業文化的困難點方面，接受調查的企業領導人中，有 38.4%認爲是內部缺乏共識，有 33.9%的人認爲缺乏動力，有 13.1%認爲「不知道如何做」。顯然，中國多數企業雖然知道企業文化建設的重要性，也有心進行文化建設，但卻往往不知該如何做，有無從下手的感覺。

由於對文化類型、文化認同、文化對員工行爲及組織績效的影響機制等理論的不瞭解，許多企業未能很好地將組織文化建設與企業的運營緊密結合，導致了很多問題，如盲目跟風，文化內容流於形式化和重複；文化活動過於單調，缺乏內涵；文化建設淪爲單純的口號宣傳，沒有落實到日常工作和組織的經營管理中。「說出來，卻沒有做出來」。

仔細分析上述問題，不難發現組織文化建設由於缺乏清晰的理論指導，實踐中組織應如何根據戰略塑造出與之相適應的文化、如何提高員工對組織文化的認同、如何通過文化建設改善員工行爲及組織績效等，顯得十分模糊和難以操作，從而限制了組織文化作用的進一步發揮。因此，加強對組織文化的理論和實踐研究，爲企業界提供具體的實施指導，乃是當務之急。

目前，學術界對組織文化的類型（Deal & Kennedy；Cameron & Quinn，1999；Denison，1990；劉理暉，2005）、文化的強度（王玉芹，2007）、文化與績效的關係（Kotter & Heskett，1992；王輝、忻榕 & 徐淑英，2006 等）以及文化與員工行爲的關係（Lahiry，1994；Slocum，1996；Hodge、Anthony & Gales，1996；彭鳳明，1996；黃英忠、吳融枚，2000）均有相當的研究成果。然而對於員工的組織文化認同（Cultural Identity），迄今爲止的實證研究還比較稀少。

由於企業文化（組織文化）乃是企業全體員工在長期發展過程中培育形成並共同遵守的最高目標、價值觀念、基本信念和行爲規範（張德，2003），也就是說，文化是體現在員工身上的，唯有絕大多數員工都認同、遵守並信任組織的文化，文化才能發揮應有的作用。因此，組織文化認同度的研究具有一定的意義。

基於此，本書致力於探討員工組織文化認同的內在結構和測量方式，以及

組織文化認同的作用機制，希望藉以爲企業的文化建設提供更多的理論依據。

同時，除了探討組織文化認同度這一概念本身之外，本書的另一重點在於對報業集團進行組織文化和組織行爲方面的相關研究。因爲對於報業集團而言，組織文化（企業文化）的打造和提升，也是極端重要的。報業屬於知識密集型產業，在當前激烈的報業競爭中更需要報業組織及員工充分發揮其聰明才智，不斷提高創新能力。誰善於進行知識創新、技術創新，誰就有可能掌握報業經濟發展的主動權。報業組織作爲面向市場的企業，其產品要能夠滿足社會和受眾不斷發展變化的新需求，企業文化建設也應體現並強調創新的價值取向和要求，即把培養「創新」意識作爲報業企業文化建設的一個要旨。

報業組織在企業文化建設中要想增強其創新性，應做到：第一，營造創新的環境氛圍。要使企業處於一個開放的系統中，能接納各種新思想、新觀念和行爲方式，能容許抵觸和衝突的暫時存在。第二，培育員工的創新意識。要使員工認識到創新對於企業發展的重要性並具有創新的潛意識。第三，技術創新。無論是思想觀念方面的創新，還是業務技能方面的創新，都能促進報業組織自身良性發展，增強其綜合實力和市場競爭力，並爲其可持續發展提供源動力。

在瞬息萬變的市場中，報業組織不可能依靠某一個或某幾個品牌一勞永逸地佔據優勢地位。同時讀者的閱讀水準在提高，讀者的閱讀趣味在變化，而且傳播技術的迅猛發展，往往也會對傳媒生態和市場的走勢造成顯在的或潛在的影響。報業組織企業文化建設需要與時俱進，不斷更新觀念、改善心智模式和創新行爲方式，同時對企業文化中的消極或劣質的文化元素加以甄別並予以淘汰，使優質文化的元素成爲其主流和遺傳基因，使積極向上、富於進取的創新精神能夠成爲企業文化的主宰和靈魂。

1.2 主要研究問題與研究框架

1.2.1 主要研究問題

（一）探討組織文化認同的概念結構與測量維度

文化一向是人類學（anthropology）和社會學（sociology）研究的重要範疇，而文化認同（Cultural identity）這一概念也早已出現在人類學的研究中。對人類學家而言，文化認同是指「個人接受某一族群文化的態度與行爲，並且不斷將

該文化之價值體系與行為規範內化至心靈的程度」（卓石能，2002；陳枝烈，1997；譚光鼎、湯仁燕，1993）。Banks & Banks（1989）認為，文化包含一個族群的成員透過溝通系統所分享的知識、概念和價值。換句話說，文化只有在被所屬成員瞭解、認同和分享後，才能發揮其作用。沒有得到成員認同的價值觀或口號，並不能成為真正的文化內涵。

由於組織（或企業）也是由人所構成，因此文化認同度的概念對組織（或企業）也同樣適用。可以說，企業文化建設的目標除了提出優秀的、適合企業情況和戰略發展的文化價值觀和行為規範外，更重要的就是要取得員工的認同，讓企業文化能夠深植人心、落到實處。否則，再優秀的文化價值觀，如果得不到員工的理解和認同，也不可能發揮出應有的作用。

然而，目前學術界對於組織文化認同度，還缺少一套有效的理論體系和測量工具。人類學界使用較廣泛的直交文化認同量表（Orthogonal Cultural Identification Scale，OCIS）主要是用在測量移民或是少數族群成員對於自身文化和社會主流文化的認同度（Oetting & Beauvais，1991），較難移植到組織文化認同度的研究上。

目前，國內學者對組織文化認同（或企業文化認同）的論述並不少見（如吳永新，2006；張志鵬，2005；張培德，2005；鄒勤、許建秦、謝娟 & 杜曉紅，2005；丁強，2004），然而大多停留在文獻探討和觀念陳述的階段，缺少具體的實證研究。劉苑輝（2006）曾經採用蓋洛普公司（The Gallup Organization）著名的 Q12 量表，來衡量企業員工的文化認同度。然而 Q12 原本是用來測量企業基礎環境和管理氛圍的，與企業文化認同度的概念並不相同。因此，目前可以說並沒有一套真正的組織文化認同度測量工具，而與組織文化認同度相關的概念和理論體系也並未成熟。

因此，本研究的首要工作，就是對組織文化認同的概念結構與測量方式進行探討。本研究利用紮根理論的方法，從定性的資料中提取、形成了組織文化認同的概念與維度結構，並由此建構出相應的測量量表。接著，本研究以定量的方法檢驗該量表的信度、效度，一方面驗證了概念的維度結構，一方面確保量表能夠有效地衡量員工的組織文化認同程度。

有了較為嚴謹、科學的組織文化認同測量工具，將有利於往後探討組織文化認同與其他組織行為變數的關聯。此外，企業也能更好地測量員工對組織文化的認同程度，有助於衡量企業文化建設的成效。

（二）探討組織文化認同的作用機制

除了探討組織文化認同的概念及維度結構外，更重要的是瞭解組織文化認同的作用機制，也就是組織文化認同和哪些變數有關。

在組織文化認同的前因變數方面，本研究主要探討變革型領導（Transformational Leadership）對組織文化認同的影響。變革型領導是近年領導學研究的熱點之一，主要指領導者並非透過傳統的獎懲系統來管理員工，而是透過改變成員的價值與信念、開發其潛能、給予信心等方式來提高成員對組織目標的承諾，並產生意願與動機，為組織付出個人期望外的努力（Bass，1985）。

由於組織文化建設本來就是一種「一把手工程」，主要領導者的思想素質、政策水準、價值觀念甚至人格特徵，都會對組織文化起到非常顯著的影響（張德、吳劍平，2002），因此，主要領導者的領導方式當然會影響到員工對組織文化的認同程度。事實上在組織認同的研究中，就發現員工與領導之間的關係，會影響到員工的組織認同度（Morgan，2004）。而變革型領導屬於一種通過價值觀來管理的風格，透過領導者的個人魅力與願景，從精神、觀念和道德層面獲得部屬的敬仰和認同（王佳玉，1999），也就是說，變革型領導是一種文化的領導方式，一方面塑造組織內部的文化氛圍，一方面提高員工對組織的向心力和凝聚力，以達到組織與員工的共同成長；可以說，變革型領導和員工的組織文化認同是有密切關係的。因此，本研究認為變革型領導會影響組織文化認同。

此外，在對組織文化認同進行紮根理論研究時，許多深度訪談的受訪者都認為組織內部的和諧氣氛，與組織文化認同密切相關。事實上，和諧本來就是中國文化最基本的運作法則（李亦園，1992），組織內部能否建立起一種和諧、互相尊重、互相幫助的氣氛，對員工的向心力和對文化的認同程度，必然會有影響。此外，已有的研究也指出了變革型領導對組織內部的人際和諧有影響（鍾昆原，2002）；因為變革型領導本就特別重視引發團體工作的意識、引導成員超越本身的利益需求，而致力於團隊合作（Bass& Avolio，1994）。因此，本研究認為變革型領導和組織內部的人際和諧會共同影響組織文化認同，而變革型領導本身也會對人際和諧有影響。

在組織文化認同的結果變數方面，本研究主要希望瞭解員工對組織文化的認同程度，是否會影響組織的效能（Effectiveness），因為組織文化建設的根本目的，也就是在於提高組織的績效以及員工的工作效能。由於組織文化認同是

個人層面的變數，因此在結果變數上，主要也是考慮個人層面的效能。

個人效能的測量可以分為客觀法（Objective approach）和主觀法（Subjective approach），客觀法就是以個人的實際生產量、生產效率等客觀資料來衡量個人效能，然而，這類資料經常受到情境因素的影響，很難說清是否真的是個人的因素造成的；此外，許多職位並不容易找到客觀的效能指標（Cascio，1991；鄭伯壎、郭建志、任金剛，2001），因此，採用主觀指標來評定個人效能是較為常見的做法。而常用的主觀效能指標包括組織承諾、組織公民行為、工作滿足，以及離職意向（Porter et al., 1974）。其中，組織承諾代表的是員工對組織的投入感、情感附著以及責任感，而離職意向代表的是員工在一定時間內離開組織的可能性，這兩者可以說和文化認同關係密切。如果員工高度認同所在組織的價值觀、信念和行為規範，自然就會感到自己是這個文化群體的一份子，對組織會產生感情以及道義感，也就不會輕易地想要離職。

因此，本研究選擇組織承諾以及離職意向，作為組織文化認同的結果變數。

（三）探討報業集團的組織文化及其作用機制

報業集團屬於較為特殊的組織類型，既有和一般企業一樣的經濟屬性，但也有不同於一般企業的社會屬性、意識形態屬性，而報業集團的運營模式和社會責任等方面也具備和一般企業不同的特質，因此儘管組織文化已經被眾多實證研究證實對一般企業發揮著重大作用，但這樣的作用是否在報業集團當中依然存在，則還有待驗證。

此外，由於報業集團本身的屬性和經營模式與一般企業並不完全相同，加上報業集團（及廣義上的傳媒集團）一般而言規模較小，人員結構和管理方式也較為簡單等原因，到目前為止，針對報業集團經營管理方面的研究大多屬於論述性、經驗性的研究，缺乏規範而科學的實證研究，這使得我們對報業集團經營管理的實際效益和員工的實際行為表現等，往往缺乏直觀、可靠的資料，這也對報業集團經營管理模式的優化和改革，帶來了較大困難。

因此，本研究在探索組織文化認同度、組織人際和諧等變數的結構和作用機制的基礎上，進一步以報業集團為目標，進行實證調研，探索報業集團當中的組織文化相關變數及其作用機制。這對於傳媒學術界以及實務界而言，均具有較重要的意義。

1.2.2 研究框架

綜上所述，本研究主要涉及的變數除了組織文化認同外，還包括變革型領導、組織人際和諧、組織承諾以及離職意向，共有五個主要的研究變數。

其中，變革型領導是最主要的前因變數，本研究認為，通過變革型領導方式，可以有效提高員工對組織文化的認同程度。此外，本研究通過紮根理論得到的新變數：組織人際和諧，也是組織文化認同的前因變數之一，因為在中國環境下，組織內部如果存在一種和諧、互相尊重、互相體諒的人際氛圍，必然有助於提高員工對組織的向心力和凝聚力，也有助於員工對組織文化認同程度的提高。

此外，變革型領導和組織人際和諧間也存在相關。變革型領導風格本就特別重視團隊合作和人員之間的凝聚力，對於改善成員之間的關係以及上下級之間的關係有所助益，因此也可以提高組織的和諧氣氛。基於此，本研究認為變革型領導也會對組織人際和諧產生影響。

在組織文化認同的結果變數方面，本研究選擇了組織承諾和離職意向，這兩者都是員工個人效能的重要內容（Porter et al., 1974），探討這兩者與組織文化認同的相關性，有助於深入瞭解組織文化認同的意義以及作用機制。

另一方面，組織承諾與離職意向之間也存在相關。已有的研究表明，組織承諾是影響離職意向的最重要因素（McNeilly & Russ，1992），或至少是重要的影響因素之一（Igharia & Greenhaus，1992）。因此，本研究也必須把組織承諾和離職意向兩者之間的交互作用考慮進去。

綜上所述，本研究的概念框架如下：

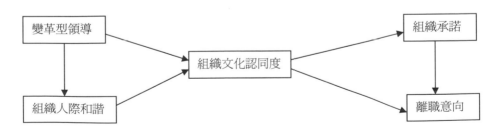

圖 1.1　本研究概念框架模型

1.3 選題意義

1.3.1 理論意義

本書以建構員工組織文化認同度爲主要方向，同時探討組織文化認同度變革型領導、組織人際和諧等前因變數，以及組織承諾、離職意向等結果變數的關聯。這一選題的主要理論意義，表現在以下方面：

1. 建構員工「組織文化認同度」的概念模型與測量工具

如前文所述，組織文化是作用在員工身上的，因此組織文化建設的主要目的之一，就是提高員工對文化的認同程度。然而，學術界目前尙缺少研究組織文化認同度的工具，以往的研究多半把組織文化認同度視爲組織認同（Organizational Identity）的一部分，或是通過「人與組織匹配」（P-O-Fit）的間接方式來測量，然而由於文化認同屬於個人的主觀認知，採用間接測量方式容易出現誤差。而過去並沒有學者以科學化的方式來建構組織文化認同度的直接測量工具，因此本研究可說彌補了這方面的一塊空白。本研究以紮根理論的方法，以嚴謹的程式建構出組織文化認同度的維度結構，有助於深入探討組織文化認同的概念，及其與組織認同、人與組織匹配等概念的差異。同時，本研究所設計出的組織文化認同度測量量表，也有助於往後研究組織文化認同與其他變數之間的關係。

2. 探討組織文化認同對組織承諾和離職意向的影響

組織承諾和離職意向都是組織效能的重要內容，也是組織文化建設的目標之一。然而由於過去缺少測量組織文化認同的工具，因此關於員工的組織文化認同到底對組織承諾和離職意向是否有顯著影響，目前尙未得到實證研究的支持。本研究則在建構出組織文化認同度的結構及測量工具的基礎上，以回歸分析、結構方程模型等方法，探討組織文化認同度對組織承諾、離職意向的作用機制，這將有助於瞭解組織文化認同的重要性及其影響。

3. 探討組織人際和諧的概念結構，及其對組織文化認同的影響

和諧是中國文化的主流內涵之一，也是目前中國社會發展的重點；然而，關於組織人際和諧有哪些維度，以及具體的測量方式，目前尙不是很清楚。本研究從紮根理論中提煉出了組織人際和諧這一概念的結構，建構了相應的測量工具，並探討了組織人際和諧對組織文化認同的影響。這有助於深入瞭解和諧的意義和內涵，以及組織人際和諧的影響機制。

4. 建構變革型領通過組織文化認同度發揮作用的機制模型

變革型領導是上世紀 80 年代以來，西方領導理論研究的熱點問題，且已成為領導理論研究的新範式（李超平，時勘，2005）。然而，儘管變革型領導已經被證實與許多組織行為變數有關，但關於變革型領導對組織效能影響的中介機制，目前還處於初步研究階段。本研究在組織文化認同度研究的基礎上，進一步探討變革型領導通過組織文化認同度對組織承諾、離職意向發揮影響的整體過程，這有助於瞭解變革型領導的作用機制和影響過程，對於領導學的研究也有一定的意義。

5. 探討報業集團的組織文化表現及其作用機制

對於報業集團而言，組織文化的重要性已經有許多學者談論過，也有不少報業集團開始強調自身的文化建設，然而在相關理論的缺乏下，該怎麼做、做什麼、如何開始等，依然是困擾著中國報業集團的重要問題。因此，本研究在探索組織文化認同度結構和作用機制脈絡的基礎上，進一步分析、探討報業集團的組織文化表現，及相關組織行為學變數在報業集團的作用機制，具備相當的理論意義。

1.3.2 實踐意義

除了上述的理論意義外，本研究還具有一定的實踐意義：

1. 有助於準確衡量組織文化建設的成效

從上個世紀 90 年代以來，中國企業掀起了一波組織文化建設的熱潮。然而由於組織文化相關的理論尚未完善，許多企業在缺乏足夠的理論指導之下，往往盲目跟風，建立的文化不符合組織需求，以至於文化發揮不出應有的作用。

由於組織文化是作用於員工身上的，只要能得到員工普遍的認同和信仰，文化就能夠發揮出作用來，因此提高員工對文化的認同程度，一向是組織文化建設的重要目標之一，也是衡量文化建設成效的指標。本研究探索了組織文化認同的概念維度，並建構了具備信、效度的組織文化認同度測量工具，這可以協助企業測量旗下員工對文化的認同程度，有助於正確掌握組織文化建設的進展及效果，對企業有相當的實踐意義。

2. 有助於正確理解組織文化認同的作用

提高員工對組織文化的認同程度，是組織文化建設的重要目的；然而對企

業而言，文化建設的最終目標，還是通過文化來提高員工以及組織的效能。然而，由於組織文化理論尚未完善，關於文化建設究竟有沒有用、能起到多大的作用，至今仍是眾說紛紜。本研究除了探討組織文化認同的概念結構和測量方式外，還進一步研究了組織文化認同對組織承諾、離職意向這兩個個人效能變數的影響機制；這有助於企業正確理解組織文化認同的作用。

組織承諾代表員工對組織的投入感和歸屬感，離職意向則代表員工是否願意繼續待在組織中工作。提高員工的組織承諾、降低離職意向，可以說是每一個企業都樂見的，也是文化建設的最終目標之一。因此，探討組織文化認同與組織承諾、離職意向的關係，及其中的影響機制，有助於讓企業理解員工組織文化認同的重要性和影響性。

3. 有助於選擇適當的領導風格

組織文化建設是一把手工程，主要領導的思想、行為和領導方式，不但決定了文化建設的效果，也決定著企業的發展。變革型領導是目前領導學研究的熱點，這種以價值觀、信念和個人魅力來發揮影響的領導方式，已經被證明有助於提高組織的效能。本研究則進一步探討了變革型領導對組織文化認同的影響，及通過組織文化認同而影響組織承諾、離職意向的作用機制。這有助於對變革型領導有更深入的瞭解，也可以協助企業領導人選擇正確的領導方式。

4. 有助於傳媒經營管理者科學地認識組織文化的作用，並有針對性地開展文化建設

目前，已經有不少傳媒集團意識到組織文化對傳媒組織的重要性，並開展了組織文化建設活動，例如《南方都市報》和《廣州日報》就屬於個中翹楚。然而，由於對傳媒集團組織文化和組織行為方面的研究太少，缺乏實證資料支撐，使得傳媒經營管理者在這方面總有不知其所以然、不知該從何下手之歎。因此，本研究採用規範化、科學化的組織文化與組織行為研究工具，對傳媒集團進行實證調研，並根據實證研究的結果，剖析傳媒在組織文化等方面存在的不足，再給出有針對性的改進建議。這樣的研究思路對傳媒經營管理者而言是有實際意義的，也能夠讓往後對傳媒組織文化的理解和認識再上一個臺階。

1.4　研究方法與研究過程

1.4.1　研究方法

　　本書採用定性、定量以及案例研究相結合的研究方法。

　　首先在文獻檢索與分析的基礎上，吸納人類學、社會學等跨學科的研究成果，建構出初步的組織文化認同度概念模型，然後採用深度訪談、開放式問卷和文獻提取結合的方式，以紮根理論（grounded theory）的方式對所得到的資料進行分析、歸納和提取，得出組織文化認同度的結構，編制相應的測量工具。其次，在專家討論和審核的基礎上對組織文化認同度量表進行優化，並提出了組織人際和諧（interpersonal harmony）概念，並進行了相應的條目抽取和量表編制。

　　接下來，在定性研究的基礎上，進行了定量的資料收集和統計分析。首先以小樣本對組織文化認同度和組織人際和諧的概念結構進行了探索性因子分析，修正了問卷條目。接著採用便利抽樣和目的抽樣結合的方式，收集大樣本的資料資料，採用 SPSS 14.0 及 Lisrel 8.2 統計軟體，進行了驗證性因子分析、方差分析、相關分析、回歸分析、結構方程模型等，一方面驗證了組織文化認同度和組織人際和諧的結構，一方面建構了變革型領導通過組織人際和諧和組織文化認同度，對組織承諾、離職意向發生影響的過程模型。

　　在案例研究部分，在實證研究結果的基礎上，對兩家實際的企業進行了文化診斷，探討企業的員工文化認同度和人際和諧狀況，並提出相應的文化建設建議。最後，採用本研究所開發的量表及其他組織行為研究工具，對《聯合報》和《南方都市報》兩家報業集團進行實證調研，探討兩家報業集團的組織文化認同度、人際和諧、組織承諾等方面的表現，並提出相應的組織文化和人力資源管理建議。

1.4.2　研究思路與過程

　　本書圍繞著組織文化認同度的概念結構、測量方式和影響而展開。首先以文獻探討的方式，檢視現有的組織文化認同度研究，以及組織認同、人與組織匹配的相關概念研究，明確了研究目標和概念的初步框架。其次，針對 10 家企業、52 名中高層管理者進行深度訪談或開放式問卷調查，在訪談分析和文獻抽

取的基礎上，歸納出了組織文化認同度的結構，提出了組織人際和諧這一新概念，並建構了相應的量表。第三，通過對 117 名 MBA 學生進行的預調研，對概念結構進行了初步驗證，並修訂了量表內容。第四，對 8 家企業、共 480 名不同層級的員工進行問卷調查，收集大樣本資料，首先驗證了量表的內容和結構，繼而深入探討了組織文化認同度、組織人際和諧對組織承諾、離職意向的影響，及變革型領導通過人際和諧和組織文化認同度發揮影響的模型。最後根據定量研究的結論，針對兩家實際的企業，及兩家報業集團進行調研，並提出了具體的文化建設對策建議。

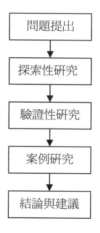

圖1.2　研究過程

第 2 章　文獻綜述

2.1　組織文化文獻綜述

2.1.1　文化的概念與層次

文化（Culture）源於拉丁文 Cultura（耕耘、耕種），含有某種特定的行動、關照事物及與自然界互動的方式之意。至十九世紀人類學、社會學研究興起前，「文化」一般指得是「高尚文化」或「菁英文化」，包含高尚的修養、禮儀、行為規範，以及文學、繪畫、雕刻、歌劇等高尚藝術。（Smelser，1994）

直至二十世紀，持高尚文化觀點者仍堅決認為，「大眾文化」（Mass Culture）不算是文化。對於文化較為中性的定義則始於人類學家的研究，主要源於對初民社會的研究，目的在歸納出一種能描述所有部落、民族及社會的操作型定義，整體而言較「菁英文化」中性。例如：Malinovski 認為，文化是人類的獨特生活方式。Kluckhohn 則直截了當地指出，文化乃是「人類生活的全部」。最被普遍接受的則是 Taylor 的觀點，認為文化或者文明，乃是包括知識、信仰、藝術、道德、法律、習慣以及其他人類作為社會的成員而獲得的種種能力、習性的一種複合整體。（Smelser, 1994）

目前關於文化的定義不少於一百六十種，但較為中性的定義均強調文化的「包容性」，即無論是菁英／大眾文化，傳統／流行文化，或是地區／國家文化，一個具操作性的文化定義應該能描述所有階層及族群的人類生活。綜合起來，文化可以被定義如下：文化是一複雜的整體，包括知識、信念、藝術、道德、習俗和其他作為社會成員的人們具有的能力與習慣。文化是將一個社會與另一個社會區分開來的人們的集體化思維程式，或「思維的軟體」（Hofstede, 1991）；文化為人們提供了結構經驗、解釋行為、陳述意義、解決問題的思維工具。

社會學家 Smelser（1994）認為，文化的層次可區分如下：

(1) 信仰：主導某一族群所有行為的核心價值，如「個人主義」、「學而優則仕」。

(2) 偏好：衍生自信仰，對事物的「好／壞」、「對／錯」、「應該／不應該」判斷。

(3) 價值：更為間接的評量尺度，衡量事物的光譜。

(4) 規範：具有強制力量的行為準則，如道德、風俗、法律。

(5) 語言：文化傳承及表現的媒介。

2.1.2 組織文化的概念

不僅社會和國家擁有文化，每個組織也有其獨特的文化模式。企業文化的研究，有些學者從社會學的角度去進行，有的學者從人類學的觀點去著手，各有各的看法，意見不一，所以至今許多關於企業文化研究的理論成果，對於定義始終沒有一致的共同看法，而能獲得普遍的認同。

1979 年，佩蒂格魯（Andrew Pettigrew）在《管理科學季刊》（Administrative Science Quarterly）上發表的《組織文化研究》一文中，最早提出了「組織文化」這一概念。隨後，哈佛商學院和麻省理工學院的一批教授拉開「企業文化」或「組織文化」研究風潮的序幕，出版了不少影響廣泛的著作，如威廉‧大內（Ouchi）的《Z 理論》（1981）、Deal & Kennedy（1982）的《企業文化》、以及 Peters & Waterman（1982）的《追求卓越》，Davis（1984）的《管理企業文化》等，掀起了組織文化研究的熱潮。

20 世紀 80 年代，組織文化的研究以探討基本理論為主，如組織文化的概念、要素、類型以及組織文化與企業管理各方面的關係等。進入 90 年代，組織文化研究出現了四個走向：一是組織文化基本理論的深入研究；二是組織文化與企業效益、企業發展的應用研究；三是關於組織文化測量的研究；四是關於組織文化的診斷和評估的研究。（王玉芹，2007）

何謂組織文化？事實上，組織文化的定義不下數十種（見表 2.1），例如，Pettigrew（1979）認為，組織文化組織中的信仰、意識形態、語言、儀式和傳說的混合物。而 Hofstede 等（1990）認為，組織文化是指組織中共用的價值觀和行為方式，其中價值觀是核心，行為方式則包括儀式、英雄和象徵。臺灣學者司徒達賢（1997）則指出，組織文化是組織成員所共同分享的一些重要價值觀念，而這些價值觀念會影響員工在組織中的行為與決策方向。

綜合看來，西方學者對組織文化的定義有三個要點（劉理暉，2005）：

（1）組織文化是組織歷史的產物，或者說是組織內部社會化過程的產物。

因此，組織文化具有獨特性，任何組織中的文化特性都會有所不同，這既使得組織文化研究經久不衰，也使組織文化的測量比較研究具有理論與現實的可行性。

（2）組織文化由在組織中占主導地位的價值觀、基本假設、信念、行為方式等核心要素構成。其中，「價值觀」指組織成員對客觀事物按其對自身或社會的重要性進行評價和選擇的標準，當某種價值觀成為組織成員共有的判斷標準時，那麼它就是組織文化的一部分（Barley,1988）。「基本假設」是在更深層意義上對人性、對環境、對真理、對時空、對人際關係等問題的基本判斷（Schein,1992）。「信念」是在某種價值觀被認為在處理組織生存發展問題上有效時，即成為組織所共有的信念（Denison,1984）；「行為方式」則指組織成員思考的方式及由此而產生的獨特的行為模型（Roussesau,1988）。

（3）組織文化通過各種載體在組織內部傳播。英雄、故事、傳說、口號、儀式、內部語言、符號等都是常見的載體，組織通過這些載體把自己的基本假設和價值觀傳遞給組織成員，成為整個組織共同信奉並遵循的準則。

表2.1　組織文化的定義

學者	對「組織文化」的定義
Pettigrew（1979）	組織中的信仰、意識形態、語言、儀式和傳說的混合物
Ouchi（1981）	組織中的象徵、儀式和傳說，組織用以把基本價值觀和信仰傳輸給組織成員。
Deal ＆ Kennedy（1982）	組織中的占主導地位的價值觀。
Peters&Watterman（1982）	組織中一套主導性的、連貫的共用價值理念。它通過故事、傳說、口號、儀式等手段傳輸給組織成員。
Denison（1984）	組織中的一套價值、信念及行為模式，以建立起組織的核心體。
Gardner（1985）	共有的價值和信念，此系統與公司成員、組織結構及控制系統交互作用以產生行為規範。
Robbins（1990）	在組織內部比較一致的知覺，具有共同的特徵，是描述性的，能區分組織間的不同處，而且整合了個人、團體和組織的系統變數

15

Hofstede 等（1990）	組織中共用的價值觀和行為方式，其中價值觀是核心，行為方式則包括儀式、英雄和象徵。
O'Reilly&Chatman（1991）	存在組織中的具有一定強度、廣泛共用的核心價值觀。
Schein（1992）	組織在學習解決外部適應和內部整合問題時所創造、發現或發展出來的一套基本假設模型。
河野豐宏（1992）	組織成員所共有的價值觀、共通的觀念、意見決定的方法，以及共同的行為模式之總和。

續表2.1　組織文化的定義

學者	對「組織文化」的定義
Cameron & Quinn（1998）	由組織所信奉的價值觀、主導性的領導方式、語言和符號、過程和慣例以及對成功的定義方式反映出來。
鄭伯壎（1990）	為組織文化是組織中一種內化性規範信念，可用來領導組織成員的行為
韓岫嵐（1992）	廣義的企業文化指企業所創造的具有自身特點的物質文化和精神文化，狹義的企業文化是企業所形成的具有自身個性的經營宗旨、價值觀念和道德行為準則的綜合。
張德（1991，2002）	組織全體員工在長期發展過程中培育形成並共同遵守的最高目標、價值觀念、基本信念和行為規範。
司徒達賢（1997）	組織文化是組織成員所共同分享的一些重要價值觀念，這些價值觀念會影響員工在組織中的行為與決策方向。
劉光明（2002）	一種從事經濟活動的組織中形成的組織文化，包含的價值觀念、行為準則等意識形態和物質形態均為該組織成員所共同認可。
俞文釗（2002）	企業文化是指在企業的長期經營發展過程中逐步形成的、具有本企業特色、能夠長期推動企業發展壯大的群體意識和行為規範，以及與之相適應的規章制度和組織機構的總和。

資料來源：本研究整理。

　　Schein（1992）認為，當組織在面對外在環境的適應問題，及組織內部的整合問題時，會逐漸發展出一套基本假設，並藉以傳授給新進的組織成員；而這

套假設就是組織的文化。基於此，Schein把文化分爲如下三個層次：

（1）基本假設。包括文化體系中潛意識的信念、理解、思維和感覺，是一切價值觀和行爲的最終根源，是文化中最深、最根本的一個層次，文化的精髓所在。

（2）表述的價值觀。組織中人們能夠感知到的價值觀表述性解釋，包括組織戰略、制度、規範、流程等。表述的價值觀主要用於引導組織的行爲。

（3）文化表象。組織所構建的物質環境、外在形象與社會環境，即組織文化的物質載體。在這一層次上可以觀察物體的空間佈局，群體的技術成果，組織的書面報告和口頭語言，藝術作品以及員工的公開行爲。

張德（2008）歸納各家學說，認爲組織文化就是組織在長期的生存和發展中所形成的、爲組織所特有的，且爲組織多數成員所共同遵循的最高目標、價值標準、基本信念和行爲規範等的總合，及其在組織活動中的反映。他也認爲企業文化包含三個層次：符號層、制度行爲層和理念層。理念層是組織核心價值觀以及由此形成的思維模式；制度行爲層包括組織的制度與行爲規範、正式與非正式的組織結構以及資訊的傳遞方式等；符號層則指組織形象、符號、語言、習慣、組織標誌等外顯的部分。

理念層指組織的領導和員工共同信守的基本信念、價值標準、職業道德等，它是組織文化的核心和靈魂，是形成組織文化符號層和制度行爲層的基礎和原因。組織文化中有沒有理念層是衡量一個企業是否形成了自己企業文化的標誌和標準。

制度行爲層是組織文化的中間層次，主要指對組織員工和組織行爲產生規範性、約束性影響的部分，它主要規定了組織成員在共同的生產經營活動中所應當遵循的行動準則及風俗習慣，主要包括一般制度、特殊制度、特殊風俗。

符號層是組織文化的表層部分，是企業創造的器物文化，它往往能折射出企業的經營思想、經營管理哲學、工作作風和審美意識。符號層主要包括以下幾方面：企業標誌、標準字、標準色；廠容廠貌、產品的特色、式樣、品質、包裝等等。

當一個人初次接觸某一文化時，首先瞭解的是最外層的語言、器物等，需要深入探索才能逐漸揭露文化中的價值觀、意念，乃至於最核心的基本理念和假設。

組織文化具有如下的特性：（張德，2002）

（1）無形性：組織文化包含的共同理想、價值觀念和行為準則，是作為一個群體心理定勢及氛圍而存在的，在組織文化的影響下，員工會自覺地按照組織的共同價值觀和行為準則去工作、學習、生活，這種作用是潛移默化、無法度量和計算的，因此組織文化是無形的。當然，無形的組織文化也需要通過有形的載體（如成員、產品、設施等）而表現出來。

（2）軟約束性：組織文化之所以對組織經營管理起到作用，並不是靠規章制度之類的硬約束，而是靠著核心價值觀對員工的薰陶、感染和誘導，使組織員工自覺地按照組織的共同價值觀和行為準則去行動，屬於一種軟約束。

（3）相對穩定性和連續性：組織文化是隨著組織的誕生而產生的，具有一定的穩定性和連續性，長期產生影響，並不會因為日常經營環境的微小改變或是個別員工的去留而發生變化。

（4）個性：每個組織的文化都有其獨特之處。由於民族、行業、歷史特點、產品特點的不同等，組織文化必然會有不同於其他組織的特色存在。

2.1.3 組織文化的類型與測量

每一企業的成立背景皆不同，因此每一企業形成的文化也就不同，對於企業文化的類型，各學者看法亦不同。文化的類型（type）（或者叫特質（trait）、內容（content））是指組織文化所具備的一些特定的價值觀、信仰和共同的行為模式（Saffold,1988）。由於組織文化的內涵較為抽象而複雜，為了便於理解和操作，人們經常採用分類學的方法來對不同的組織文化進行界定。

1. Deal & Kennedy 的研究

Deal & Kennedy（1982）考察數百家企業及他們的環境之後，依據組織對環境變化的回饋速度，以及風險承受程度兩構面，將組織文化分為：

（1）強悍型文化 (Tough-guy / macho Culture)：是指個人主義的員工，他們經常冒著很大風險孤注一擲，行動的成敗結果也能很快獲知，如廣告公司、建設公司。

（2）玩命工作 / 盡情享樂的文化 (Work hard / play hard Culture)：玩樂與工作並重，員工重行動、講享樂、少冒險，這種文化會鼓勵人們儘量採取低風險的活動以求成功，如汽車經銷商。

（3）賭注型文化 (Bet-your-company Culture)：決策中包含的成本極大，卻

要數年後才能知道對或錯,若決策錯誤會對公司產生極嚴重的影響,如石油公司。

(4) 按部就班型文化 (Process Culture):這是一個很少回饋的文化,員工很難測知自己所做的事的效果,只能照著既定的程式來辦事,如水電公司。

2. Wallanch 的研究

E.J. Wallanch(1983)曾在其研究中提出四種企業文化類型:

(1) 官僚型文化 (Bureaucratic Culture):此類型企業之組織層級結構與權責劃分相當明確、清楚,工作性質大都已標準化及固定化,此類文化通常是建立在控制和權力的基礎上,一般較為穩定、成熟及行事較為審慎的企業,均屬此一類型的文化。

(2) 創新型文化 (Innovative Culture):此種企業所面臨的競爭環境通常較為複雜多變,工作較具有創造性與風險性,故具有企業家精神或充滿野心的人,較容易成功。

(3) 支持型文化 (Supportive Culture):此型企業文化的工作環境相當的開放、和諧,具有家庭的溫暖感覺,組織中具有高度的支持及信任,十分重視人際關係。

(4) 效率型文化 (Effective Culture):此種組織十分重視成本和績效之控制及完成,非常講究效率;個人和部門之間績效都會相互競爭。主要根據「風險 / 收益」權衡來行事,時常冒極大的風險,同時也能接受極大的變革。

3. Trompenaars & Hampden-Turner 的研究

Trompenaars & Hampden-Turner(1998)曾在其研究中將企業文化分為四種類型:

(1) 家族文化 (The Family Culture):此類文化的公司像家庭一樣,員工間有著親切的個人關係,但同時具有著明顯的階級關係,有經驗的員工權力遠遠超過年輕的員工。結果產生一個權力導向的公司文化,領導者被認為是一家之主,他永遠指導部屬應該去做什麼事,也知道那些對部屬是有益的。

(2) 官僚文化 (The Eiffel Towel Culture):此類文化公司會依角色的分派而合作,依照正是的規章制度和權力結構,努力去完成公司指派的事情。在官僚文化裏,看重的是個人在組織中的角色地位,而非每個人的能力或個性。

(3) 導彈文化 (The Guided Missile Culture):目標至上的文化。此類文化公司會強調工作時,必須堅定意圖和完成目標,只要是需要的,就必須盡最大的

努力去把事情做好。

（4）孕育文化 (The Incubator Culture)：此類公司的組織結構比較鬆散，強勢文化在此公司尚未形成。它沒有固定的架構，但卻是一種富有感情和創新的文化環境。

4. Quinn 和 Cameron 的研究

Cameron 和 Quinn（1998）在競爭價值觀框架（Competing Values Framework，簡稱 CVF）的基礎上，構建了組織文化評價量表（OCAI）。CVF 是由對有效組織的研究而發展起來的，它所回答的主要問題是：什麼是決定一個組織有效與否的主要判據？影響組織有效性的主要因素是什麼？

Campbell 等（1974）曾構建了一套由 39 個指標構成的組織有效性度量量表。Quinn 和 Rohrbaugh（1983）考察了這些指標的聚類模式，發現了兩個主要的維度（靈活性/穩定性，以及關注內部/關注外部），並且可以依照這兩個維度把組織文化分為四個象限，分別代表著不同特徵的組織文化（見圖 2.1），分別被命名為宗族型（clan，或譯為家族型）、活力型（adhocracy）、層級型（hierarchy）和市場型（market）。

（1）宗族型文化：組織充滿友好的工作環境。人們之間相互溝通，像一個大家庭。領導以導師甚至父親的形象出現。組織靠忠誠或傳統凝聚員工，強調凝聚力、士氣，重視關注客戶和員工，鼓勵團隊合作、參與和協商。組織的成功意味著人力資源得到發展。

（2）活力型文化：組織具有充滿活力、有創造性的工作環境。人們勇於爭先、冒險。領導以革新者和敢於冒險的形象出現。組織靠不斷實驗和革新來凝聚員工，強調位於領先位置。組織的成功意味著獲取獨特的產品或服務，鼓勵個體的主動性和自主權。

（3）層級型文化：組織具有非常正式、有層次的工作環境，人們做事有章可循。領導以協調者和組織者的形象出現。組織靠正式的規則和政策凝聚員工，關注的長期目標是組織運行的穩定性和有效性。組織的成功意味著可靠的服務、良好的運行和低成本。

（4）市場型文化：結果導向型組織。人們之間富於競爭力，以目標導向。領導以推動者和競爭者的形象出現。組織靠強調勝出來凝聚員工，關心聲譽和成功，關注的長期目標是富於競爭性的活動和對可度量目標的實現。組織的成功意味著高市場份額和市場領導地位。

Quinn 和 Cameron（1998）通過大量的文獻回顧和實證研究發現組織中的主導文化、領導風格、管理角色、人力資源管理、品質管制以及對成功的判斷準則都對組織的績效表現有顯著影響。在 OCAI 中，他們提煉出六個判據（criteria）來評價組織文化：主導特徵（dominant characteristics）、領導風格（organizational leadership）、員工管理（management of employees）、組織凝聚（organizational glue）、戰略重點（strategic emphases）和成功準則（criteria of success）。

OCAI 共有 24 個測量條目，每個判據下有四個陳述句，分別對應著四種類型的組織文化。對於某一特定組織來說，它在某一時點上的組織文化是四種類型文化的混合體，通過 OCAI 測量後形成一個剖面圖，可以直觀地用一四邊形表示。Cameron & Quinn（1998）指出：OCAI 在辨識組織文化的類型（type）、強度（strength）和一致性（congruence）方面都是非常有用的。

OCAI 的突出優點在於為組織管理實務者提供了一個直觀、便捷的測量工具。和其他組織層面上的測量量表相比，它在組織文化變革方面有著較大的實用價值，且較為簡單而便於操作。目前，中國企業文化測評中心所採用的企業文化類型的測評，其主要理論來源與其有極大的關聯，經過修正後的 OCAI 的名稱為「中國企業文化類型測評量表」，經過了上百家中國企業的檢驗，反映較好，在中國企業中，認可度較高。

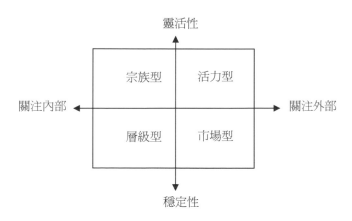

圖 2.1 Cameron& Quinn 組織文化四象限

5. Denison 等的研究

　　美國密西根大學商學院的 Denison 教授構建了一個能夠描述有效組織的文化特質模型（Denison，1984）。該模型認爲有四種文化特質，即適應性（adaptability）、使命（mission）、一致性（consistency）、投入（involvement），均和組織有效性顯著相關，其中每個文化特質對應著三個子維度，一共組成了十二個子維度。

　　和 OCAI 量表相比，Denison 的組織文化量表（OCQ）由於包括的子維度更多，因此在揭示組織文化內容方面顯得更爲細緻。但相對而言，Denison 的 OCQ 量表顯得尤爲複雜，更加上其西方文化的背景，與中國企業的實際距離較遠，甚至在概念翻譯的過程中都存在較大的障礙。

圖 2.2 Denison 組織文化特質模型

6. 王輝、忻榕、徐淑英（2006）的研究

　　王輝、忻榕和徐淑英（2006）以對來自不同企業的 542 名管理者的企業文化問卷調查爲基礎，將組織文化概括爲四種類型：

　　（1）強勢文化：在文化維度上得分都很高的文化類型

　　（2）客戶導向型文化：在客戶維度上的得分都很高，在其他維度上的得分中等；

　　（3）成長型文化：在各文化維度上的得分都處於中等水準。

（4）弱勢文化：在每一個文化維度上的得分都比較低。

這種分類中，表達文化被員工分享程度的文化強度與表達文化特質的類型（比如，客戶導向文化）都被視為文化的類型。

除了上述分類外，學術界對組織文化（企業文化）的分類還有很多，如 Cooke & Lafferty（1987）的 12 大類文化、Harrison（1972）根據組織內部權力集中程度所做的文化分類等。目前關於企業文化類型的研究可謂百花齊放，尚未出現被普遍接受的分類方式。

2.1.4 小結

隨著文化管理風潮的興起，組織文化的相關研究也逐漸受到學者們的重視。然而由於文化本身的模糊性和不確定性，絕大多數對組織文化的研究均局限在定性分析和綜述的階段；近年來，一些利用定量方法分析組織文化的研究開始湧現，例如 Denison、Cameron & Quinn、Chatman 等人對文化維度的測量和界定等。

然而直到今天，組織文化的概念與相關理論仍然眾說紛紜，難有定論。而除了組織文化的維度分析外，組織內部的文化強度和員工的文化認同度，也是很重要的一部分，且對企業界有極大意義。因此，本研究不擬繼續探討文化的維度和組成，而從另一個角度——文化認同度的方向著手。

2.2 組織文化認同文獻綜述

組織文化是組織全體員工在長期發展過程中培育形成並共同遵守的最高目標、價值觀念、基本信念和行為規範（張德，2008）。換句話說，組織文化是做用在員工身上的，惟有被員工接受、認同並自願遵守的文化，才能發揮其作用。因此，除了研究企業文化的概念、分類和作用外，員工對企業文化的認同度也是相當重要的一環。

許多學者都曾指出，組織到底提倡何種文化或價值觀，其實並不重要，重要的是員工對文化是否認同，當員工與組織的文化能夠匹配時，員工的效能較高（O'Reilly et al.，1991；Weick，1985；鄭伯壎，1993）。

目前，國內學者對組織文化認同（或企業文化認同）的論述並不少見（如

吳永新，2006；張志鵬，2005；張培德，2005；鄒勤、許建秦、謝娟 & 杜曉紅，2005；丁強，2004），然而大多停留在文獻探討和觀念陳述的階段，缺少具體的實證研究。而對於組織文化認同的概念、結構和測量方式，目前學術界也還缺乏代表性地理論和工具。因此，以下將一併回顧與組織文化認同度相關的組織認同（organizational identification）和個人-組織契合度（P-O-Fit）等概念，再深入探討組織文化認同度的內涵。

2.2.1 組織認同概述

（一）組織認同概念與內涵

組織認同（Organizational identification）最早是在1950年代由社會認同（Social identity）發展出來的概念（March & Simon，1958）。

認同一詞，源於拉丁語「Idem」，意爲「相同的事物」，認同的英文概念本意就是「身分」，而在心理學的文獻中，認同主要是指一種特定的情感聯繫。人類在社會生活中有兩種認同的需要：一是通過尋找「我」和「我們」的差異獲得自我認同，二是通過尋找「我們」與「他們」的差異而獲得社會認同（楊宜音，2002）。換句話說，認同就是對於個人從屬於某個群體的一種認知和情感歸屬。

有對於組織認同的定義，學術界尚未形成共識。這些不同的定義有些偏重於組織認同的認知特性，有些強調組織認同的情感特性，還有些則兩者兼顧（見表2.2）。雖然組織認同的定義不同，但我們可以看出這些定義都反映了組織認同的特性：即組織認同是一種員工中心的概念，是從員工的角度出發，主觀判斷自身是否從屬於某一組織、是否與組織存在情感連帶。

表2.2 不同視角下的組織認同定義

作者	定義	視角
Ashforth和Mael(1989)	對與組織一致或從屬於組織的感知	認知特性
0'Reilly和Chatman(1986)	基於與認同目標保持情感滿意的吸引和期望	情感特性

Patchen(1970)	(1)與組織團結的感覺；	認知和情感特性
	(2)支持組織的態度與認知特性與	
	情感特性行為；	
	(3)與組織其他成員共用特徵的感	
	知	
Dutton, Duherich & Harquail(1994)	組織認同就是一種個人與組織在認知上的連結	認知特性
許士軍（1988）	組織認同代表個人對於所服務的組織具有隸屬感的程度。作為團體成員之一，是否感到具有價值，並珍惜這一地位	認知和情感特性

資料來源：本研究整理。參考Riketta，M・Organizational identification：a meta analysis・Journal of Vocational Behavior，2005，(66)。

（二）組織認同的測量

目前，組織認同有許多測量方法和維度選擇，其中最為著名的是Mael和Ashforth的組織認同量表和Chenney的OIQ。另外，Dick也依照社會認同的理論架構開發了組織認同的測量工具。

1. Mael的組織認同量表。Mael和Ashforth(1992)認為組織認同是一維的，他們開發的量表包括六項指標，如「當有人批評某組織時，該組織的成員感覺就像是自己受到了侮辱」；「我非常關心別人如何看待我們的組織」等。從其量表的條目中可以發現，該量表涉及的內容主要是關於員工對組織的情感。該量表簡單明瞭，而且信度較高，信度係數達到0.81，因而受到很多學者的青睞。

2. Chenney的OIQ。Patchen（1970）提出組織認同由三個交互作用的現象構成：成員感（Membership）即員工對成員關係的珍惜和作為組織成員感到驕傲的程度；忠誠度（Loyalty）即員工對組織的支持；相似性（Similarity）即員工對於組織共同價值觀和特徵的理解。Chenney(1983)在這三個維度的基礎上設計了組織認同測量問卷（Organizational Identification Questionnaire，OIQ）。該量表共包括25項指標，內部信係數度達0.95。與Mael的量表相比，OIQ包含更多的信息量，而且信度更高。但也有學者對其提出了批評，認為OIQ的測量條目實在太類似於組織承諾的測量，而且它的信度與效度證據還比較有限；相比之下，

Mael和Ashforth的量表更能代表組織認同。

3. Dick的組織認同量表。Dick等(2004)借鑒社會認同的維度區分方法,將組織認同區分為四個維度,即認知(Cognitive)、情感(Affective)、評價(Evaluative)和行為(Behavorial)。該問卷共有30個條目。

(三)組織認同的前因與結果

1.組織認同的前因

根據現有的研究,組織認同的前因變數可以分為組織層面和個體層面兩類。

組織層面上,Dutton等(1994)專門從組織形象與組織認同關係出發,從理論上提出一個組織形象(Organizational images)影響員工組織認同的模型。Albert(2000)則指出,組織的特色有助於和其他組織作出區隔,因此有利於組織認同的提高。Smidts等(2001)對員工的外部聲譽認知與組織認同的關係進行了驗證,並發現高聲譽組織中外部聲譽認知對於組織認同的貢獻更為顯著;此外他還發現組織內部的溝通氛圍,會顯著影響員工的組織認同。Fisher和Wakefield(2000)也指出組織聲譽愈高,成員愈容易從中獲得自尊感,從而提高對組織的認同。

Morgan(2004)發現組織氛圍中的同事關係,即員工與員工或領導之間家庭成員般的關係,有利於提升員工的組織認同感。Schrodt(2002)對感知組織文化與組織認同的關係進行了較為深入的研究,結果顯示,組織文化的「團隊合作」、「道德」、「資訊流」、「參與」、「監督」、「會議」等六個維度與組織認同顯著相關,其中員工感知道德,即員工關於組織如何對待成員的感知對組織認同產生顯著影響。

在個體層面上,Mael和Ashforth(1992)研究發現,工作年限、滿意度和個人性格會對組織認同產生顯著影響。Bamber和Iyer(2002)的研究則表明,工作自主性、工作效能與基於職業形象的職業認同對組織認同產生顯著影響,至於工作年限對組織認同的影響並不顯著,兩者的關係還有待進一步驗證。

2.組織認同的結果

Chenney(1983)的研究顯示,個人對組織的認同度,與各種廣泛的組織現象及組織行為都有正向的連結,包括工作決策、工作態度、工作動機、工作滿意度、工作績效、組織目標大程度、員工流動率等。Bergami和Bagozzi(2000)的研究表明,組織認同會對組織承諾產生顯著影響,還會對基於組織的自尊產生顯著影響,並通過兩者進而對組織公民行為產生顯著影響。另外,Dukerich等

(2002)的研究也證明了組織認同顯著影響組織公民行為。

　　Dick等(2004)針對組織認同與工作滿意度間的關係進行了研究，結果表明：生涯認同與團隊認同中的「評價」維度可顯著提升工作滿意度，學校認同和職業認同中的「情感」維度也可顯著提升工作滿意度。

　　部分學者還對組織認同與組織內部消極因素間的關係進行了研究，Bamber和Iyer(2002)的調查表明，組織認同會顯著降低組織／職業衝突(OPC)，而且組織認同會顯著降低員工離職意圖。Dick等(2004)的研究也顯示，團隊認同與學校認同的「情感」維度可大大降低員工的退休意圖。

　　林冠宏（2003）把組織認同的作用總結為「對內凝聚」和「對外擴張」兩個主要方向。對內凝聚是指組織認同能夠使成員深度地凝聚在組織使命下，共同實現組織的目標；除了對組織績效有正面影響外，員工之間也會培養出深厚的人際關係，這種關係甚至會延伸到組織活動以外的私人生活領域。對外擴張則是指具有高度組織認同的成員會為組織作免費的宣傳，便得更多人且願成為組織的成員。

　　（四）小結

　　雖然自上世紀5O年代以來，組織認同理論研究取得了重大進展，但到目前為止，這個研究領域尚未完善。一方面，組織認同的概念至今尚未完全明確，組織認同和組織承諾、組織公民行為等概念存在較大的重疊性，有些學者甚至認為組織認同是組織承諾的一部分（如O'Reilly & Chatman，1986）。

　　另外，組織認同的內涵和維度也還眾說紛紜，例如Mael等人的量表將組織認同視為單一維度的概念，Chenney則把組織認同分為三個維度，Dick則認為組織認同有認知、情感、評價和行為等四個維度。由於對維度的區分尚未清楚，組織認同的測量方法也存在較大歧異，目前Mael和Chenney的問卷被應用得較廣泛，但Mael的問卷只有單一維度，且僅涉及認知層面；而Chenney的問卷維度較多，但其科學性尚有爭議，部分學者認為其更像是對組織承諾的測量。Riketta(2005)的研究也表明，採用不同的量表得出的結論會存在較大的差異。

　　綜上所述，組織認同這一研究領域尚未完善，對於組織認同的定義、維度，以及組織認同的前因變數和影響變數等，都需要更多的研究。本研究擬從「文化認同」這一角度來探討組織認同，且量表設計將涵蓋認知、情感、行為、社會化等構面，對組織認同這一研究領域也有一定的貢獻。

　　事實上，組織認同與組織文化認同也存在交叉之處。例如Ravasi和Schultz

（2006）就指出，組織文化是基於共同慣例的默認和自發行為，需要通過外界的比較和有意識的自我反思才能獲得，而這一過程正是組織認同的過程。因此，組織文化可以說為組織認同提供了核心內容，而組織文化則必須通過組織認同而實現（魏鈞、陳中原、張勉，2007），也就是說組織認同經常伴隨著文化認同。然而，組織認同與文化認同仍然存在差異，Mael和Ashforth（1992）就指出，組織認同是一種關於個人身分的認定，以及從屬於某一個群體而非其他群體的感知（我「是」誰），而並不一定伴隨著對組織價值觀的信仰和接受（我「相信」什麼）；一個人完全可能認為自己是組織的一份子，卻不認同組織所提倡的價值觀。因此，本研究認為組織認同和組織文化認同是兩個不同的概念。

2.2.2 人與組織匹配文獻綜述

（一）人與組織匹配概念

儘管目前針對「組織文化認同度」的定量研究較為稀少，然而學術界還存在一個與組織文化認同度近似的研究模式：測量個人與組織之間在價值觀和規範等方面的一致性，也就是探討個人能夠融入組織文化的程度。這一派稱為人與組織匹配（P-O-Fit，也譯為個人－組織契合度）。

所謂人與組織匹配，主要在於探討組織的規範與價值觀，和個人價值觀之間一致的程度（Cable & Judge，1996，1997；Chatman，1991；O'Reilly, Chatman & Caldwell，1991）；或是個人與其上司或組織其他成員之間，感覺價值觀或目標的一致性（Vancouver & Schmitt，1991）。個人與組織之間若相互覺得背景特質類似時，便會互相吸引，使員工得以進入組織，並且被安置於最適合他發揮所長的工作職務。

Kristof（1996）將個人與組織間的契合度分為兩種類型，第一種是基於互補（Complementary）的觀念，當個人或組織可以提供另一方所需要的東西時，這種契合度就會發生。第二種是基於補充（Supplementary）的觀念，是指個人與組織之間存在相似或相符的特性。

這其中，互補的契合度可以視為個人心理需求的實現，也就是一個人認知到其所需要的資源、資訊或報酬，與組織所能提供的資源相匹配時，自然就會感到彼此契合。而補充的契合度則通常被視為價值觀上的一致；人們會被與他們相似的人所吸引，並且信任他們。因為可以分享價值觀，也就可以有較好的

溝通，增加了社交互動的機會（O'Reilly et al，1991），同時也降低了不確定性。因此價值觀的相似性可以影響員工行為；同時，個人與組織在價值觀上的不一致，會導致個人的認知失調和不滿（O'Reilly et al，1991）。

Cable & Edwards（2004）則對Kristof（1996）所提的分類加以補充說明，認為過去在進行人與組織匹配研究時，互補與補充契合常是分開來討論的，很少加以整合。然而互補的契合主要在於員工心理需求是否被滿足，與補充契合的主要重點在於價值觀的一致，實際上並不相同。因此若將兩者加以整合，會發現這兩種契合度雖然相關，但卻是相互獨立的。

Kristof（1996）又將過去對人與組織匹配的相關研究，在比較的基準上整理為以下四種：

1. 個人與組織特徵的相似度。探討個人價值觀與組織價值觀的一致性（Chatman，1991；O'Reilly et al，1991）。

2. 個人目標／組織目標的一致性。探討個人目標與領導者目標或組織中同僚目標的相似程度（Vancouver & Schmit，1991）。

3. 個人的偏好或需求，與組織的系統或結構相匹配的程度。探討組織所提供的資源，能夠滿足個人需求的程度（Cable & Judge，1994；Turban & Keon，1993）。

4. 人格特質／組織氣候的契合度。探討組織的人格與個人人格的匹配程度（Bowen et al，1991）。另外，O'Reilly等人（1991）也提出，個人與組織在信念上的一致性，也可以形成個人與組織的契合。

（二）人與組織匹配的結果變數

根據以往學者的研究，人與組織匹配和許多工作結果變數之間存在相關。

1. 工作滿意度：較高的人與組織匹配可以讓員工具有較高的工作滿意度（Cable & Judge，1996；Chatman，1991；Vancouver & Schmitt，1991）；此外，人與組織匹配也會藉由工作滿意度的中介，而影響組織公民行為（Netmeyer et al，1997），或是其他後續行為如離職傾向、缺勤、投注更多努力等（Autry & Daugherty，2003）。同時，對於工作滿意度的影響程度，會受到不同國家以及不同個人文化的干擾影響（Parkes et al，2001）。

2. 工作績效：個人與組織之間的匹配度較高時，績效表現也較好（Goodman & Svyantek，1999；Lauver & Kristof-Browen，2001）。也有的研究者將晉升與薪資的增加視為個人績效的指標，同樣證明人與組織匹配高者，會有較高的績

效（Downey, Hellriegel & Slocum，1975）。Bretz & Judge（1994）則認為可以用職業成功作為績效指標，發現當員工有較高的人與組織匹配時，職業發展也較為順利。

3. 組織承諾：人與組織匹配較高時，也會產生較高的組織承諾（Cable & Judge，1996；Saks & Ashforth，1997）。主要原因在於，如果一個人認為自己與組織間存在良好的匹配度，就比較可能願意留在該組織中（Chatman，1991）。

4. 離職傾向與離職行為：人與組織匹配愈高，個人的離職傾向或離職行為就愈低（Cable & Judge，1996；Chatman，1991；Lauver & Kristof-Brown，2001；O'Reilly et al，1991；Saks & Ashforth，1997）。O'Reilly等人（1991）指出，價值觀的一致與否，對員工是否在兩年內離職有顯著的預測效果。

5. 其他變數：其餘在研究中提到的影響變數包含組織認同（Cable & DeRue，2002；Saks & Ashforth，1997）；組織支持感（Cable & DeRue，2002）；組織公民行為（Cable & DeRue，2002；O'Reilly & Chatman，1986）與工作壓力感（Saks & Ashforth，1997）等。

（三）人與組織匹配測量方式

目前，測量人與組織匹配的方式主要可以分為兩類：直接和間接。直接法是直接用問卷詢問當事人自己所感受到的契合度高低；間接法則透過分別詢問組織與個人的模式，再以公式計算得到契合度。

1. 間接測量方式：

過去，針對人與組織匹配的測量，多半採用間接法。如 O'Reilly 等人（1991）為了研究人與組織匹配和個體結果變數（如組織承諾和離職）之間的關係，構建了組織價值觀的 OCP（Organizational Culture Profile）量表（O'Reilly，1991）。完整的 OCP 量表由 54 個測量項目組成，共分為 7 個維度，分別是革新性、穩定性、尊重員工、結果導向、注重細節、進取性和團隊導向。

和多數個體層面上的研究問卷採用李克特量表的計分方式不同，OCP 量表採用 Q 分類的計分方式，被試者被要求將 54 個測量條目，按最期望到最不期望（測量員工心目中理想的文化），或最符合到最不符合（測量當前組織文化的情況）的尺度分成九類，每類中包括的條目數按 2-4-6-9-12-9-6-4-2 分佈，這實際上是一種自比式的分類方法。

另外，臺灣的鄭伯壎（2001）也提出了測量人與組織匹配的方式。他編制了「組織文化價值觀量表」和「期望組織文化價值觀量表」，兩者的內容完全

一樣，都分為社會責任、敦親睦鄰、顧客取向、科學求真、正直誠信、表現績效、卓越創新、甘苦與共、團隊精神等九個維度，只是前者測量的是員工同意各項條目的程度，後者則測量員工認為該條目重不重要。由兩種量表得知員工所在組織的價值觀，和員工自身所期待的價值觀，而二者的差距（採用絕對差數法或差數平方根法）就可以看出個人與組織價值觀的匹配程度。

除此之外，人與組織匹配的間接測量工具還有很多，且多半是採用所謂剖面相似指標，即先以同樣的內容結構來衡量個人與組織的價值觀，再把兩者的價值觀剖面（Profile）加以比較（Edwards，1994）。典型的做法是，先詢問受測者心目中理想的組織文化，再用相同的題目詢問他所在組織目前的文化。計算這兩者差異的總合、平方差和、平方差和之平方根，或是相關係數，就可以得到人與組織匹配分數。這方面的測量工具包括：Survey of Work Value（SWV，Wollack, Goodale, Wijting & Smith，1971）、The Meaning and Value of Work Scale（MVW，Kazanas，1978）、OCP（O'Reilly et al，1991）、The Comparative Emphasis Scale（SES，Meglino et al，1989）以及 The Organizational Values Congruence Scale（OVCS，Enz，1986）等。其中仍以 OCP 最常用。

2. 直接測量方式

直接測量法，也就是直接詢問員工所知覺到的契合度高低，只要員工主觀認為存在契合度，無論員工與組織之間是否存在類似的特性或價值，均視為契合度較高（Posner, Kouzes & Schmidt，1985）。這方面的研究者認為，人格特質或價值觀，都是個人的自我感受，而對環境的感知也存在於個人心中，因此契合度的測量，必然要以受測者自己的感知為主（Cable & Judge，1996；Saks & Ashforth，1997）。

同時，直接測量法還可以避免間接測量法中的低信度、多重共線性以及方差被大幅忽略等問題。因此，直接測量法可以提供一種簡單的、對於契合度或一致性（Congruence）的計算方式，同時可以讓研究者經由認知的層面來計算價值觀一致性（Enz，1986）。

然而，近年來也有許多學者對直接測量法進行批評。因為直接法的題目非常簡單，且屬於全面性的衡量，而價值觀並不是單一構面的簡單概念，因此直接法不可能把組織層面的全部問題都加以考慮（Kristof，1996）。

雖然如此，其時間接法中的契合度與工作結果之間的關係，也是靠著直接法衡量出的契合度為中介（Cable & Judge，1997）。而由於工作結果變數也來自

受測者自己的認知，所以許多研究者認爲，利用直接法衡量出來的契合度，可以對個人行爲有最佳的預測效果（Cable & Judge，1997）。因此，直接法在契合度研究中仍具有不可忽略的意義。

除此之外，利用多構面的間接測量法，因爲有許多外在因素都會影響到各構面的得分，不同國家、不同組織的文化均會對契合度構面產生影響，因此間接法在應用上受到了限制。所以Edwards（1994）建議，在進行契合度的衡量時，以直接法衡量反而更好。近年來，許多對人與組織匹配的研究都開始採用直接法（Cable & Judge，1996；Lauver & Kristof- Brown，2001；Posner，1992；Saks & Ashforth，1997）。

（四）小結

人與組織匹配（P-O-Fit）與組織文化認同度之間，存在密切關係。人與組織匹配在很大層面上就是衡量個人價值觀與組織文化的匹配程度，因此可以用來預測個人的組織認同度、組織承諾等。

但契合度與組織文化認同度兩個概念仍然存在不同。人與組織匹配主要指個人價值觀和組織文化之間的認知一致性（Cable & Judge，1996），屬於認知層面的一致；而認同度則是個人自覺從屬於某一組織或團體的感覺（Ashforth & Mael，1989），兼有認知、情感和行爲等層面的表現。主觀上也可以看出契合度和一致性之間存在差異，個人的價值觀和某一組織或國家的文化相近，不代表就一定認同該組織或國家的文化；因此Hofstede的國家文化四構面（後增加爲五構面）測量工具可以測量個人價值觀和國家文化的相似或相悖程度，卻無法判斷個人是否認同該國的文化。

此外，人與組織匹配的測量工具至今尚未完善。間接測量法的問題和弊端早已被學者提出（Edwards，1994），而直接測量法雖然較爲簡單和全面，且以受測者自身的感知爲衡量對象，避開了信度問題，但目前多數量表的題目較爲抽象，如Cable & Judge（1997）的量表題目「我的價值觀與組織的價值觀十分相似」、「我有能力在組織中維持自己的價值觀」等，一般受測者可能較難理解，存在效度問題；此外，直接測量法的量表均以認知層面爲主，缺少情感、行爲等層面的題目。

因此，本研究試圖從「文化認同度」角度著手，採用直接測量的方式，從認知、情感、行爲和社會化層面設計出可用的量表，以衡量個人對組織文化的認同程度，具有理論上和實踐上的意義。

2.2.3 文化認同文獻綜述

目前管理學界對組織文化認同的實證研究較少。然而，文化認同（cultural identity或cultural identification）在人類學、社會學等領域，已經有相當的研究成果。

（一）文化認同概念

在人類學領域，文化認同是指「個人自覺投入並歸屬於某一文化群體的程度」（Oetting & Beauvais，1990）或是「個人接受某一族群文化所認可的態度與行為，並且不斷將該文化之價值體系與行為規範內化至心靈的過程。而尋求文化及歷史的認同是所有族群共通的現象。」(卓石能，2002；陳枝烈，1997；譚光鼎、湯仁燕，1993)。

Banks & Banks（1989）認為文化是一個族群為了生存，在適應環境而進行的種種活動中所產生的，包含由成員透過溝通系統所分享的知識、概念、價值，亦包含與其他群體的信念(Beliefs)、符號(Symbols)及解釋(Interpretation)的分享。任何一個組織、族群或社會的存在，都包含著某種合理性或理想性，這就是它們的文化，這是維繫族群生命永續中重要的　種力量；而文化的主體內容，並不是人工製品、工具或有形的文化元素，而是這個族群的人們如何去詮釋，使用與知覺它們。換句話說，任何一個族群的文化都是由於被成員所信仰、認同，文化才能夠延續下去，並且不斷煥發活力。

陳枝烈（1997）認為，文化認同是將關於個人的思考、知覺、情感與行為組型歸於某一文化團體中（Cultural group），文化認同的發生，是由於同一族群的人對其族群文化產生接受與內化。文化認同具有強化族群成員的自尊及內部凝聚力的功能，所以某些方面來說，文化認同與族群認同或團體認同的意義是相近的。兩者同樣都是同化與內化的心理過程，強調將價值、標準標準、期望與社會角色內化於個人的行為和自我概念之中，當個體發展對特定群體的認同時，他會將該團體的興趣、標準與角色期望內化。

然而，文化認同和族群認同的心理基礎是不同的。族群認同是以族群(Ethnic group)或種族(Race)為認同的主要依據，屬於一種個人身分的認同（我「是」誰）；而文化認同是以文化象徵或風俗習慣、儀式等作為認同的基礎依據（我「相信」什麼），因此兩者存在差異。但由於不同的族群通常各具有各自的文化特質，這也是是區別族群的重要因素，文化的取向同時影響了個人對族群的態度，因此族群認同往往也取決於文化認同，因此，族群認同往往與文化認同就常被人

將其結合在一起討論,甚至視爲同義詞(卓石能,2002;陳枝烈,2002;譚光鼎,1998)。

因此,文化認同之意義及性質可歸納如下:

1. 文化認同是個人與族群身分的界定,透過對文化價值觀、習俗和儀式的接納及信仰,對個人身分和認同不斷地重新定位(Oetting& Beauvais, 1990;張京媛,1995)。

2. 文化認同是一種價值觀內化的過程,個人經由文化認同,而把族群的價值體系內化爲自身價值體系的一部分。而這些價值觀反映出族群文化的特質,並界定了對人與自然關係的觀點(湯仁燕,2002)。

3. 文化認同與族群認同經常是不可分割的,不同的族群通常具有各自的文化特質,而文化的取向則影響了個人對族群的態度。可以說,對族群的認同決定了文化認同的程度,而透過對特定文化象徵符號的接收和認同,又反過頭來增強了對族群的認同(卓石能,2002)。

另一方面,社會學及傳播學者也從消費文化的角度分析文化認同。他們認爲現代的消費模式中,包含了一種族群認同感的概念;個人投入消費,是爲了成爲自己所希望成爲的人(張君玫、黃鵬仁,1996)。也就是說,廠商透過媒介,將產品以特定象徵及符號包裝,消費者透過購買,滿足了想成爲某種類型人的欲望(張君玫、黃鵬仁譯,1996)。所以消費者可以由所消費的產品來找到自我,或是想獲得心目中理想自我的認同(Sarup,1996;朱龍祥,1997)。在許多的消費研究中皆指出,消費與認同感有關(張君玫、黃鵬仁譯,1996),以符號消費的功能來說,人們會透過消費模式中的符號使用,建構他們的自我感與認同感(Kellner, 1992)。因此,現代社會的人很少只擁有單一的認同,而是在文化商品及文化消費的影響下,同時擁有包括許多不同民族及文化屬性在內的認同體(朱全斌,1998)。

(二)文化認同的形成

關於文化認同是如何形成的,Phinney(1990)曾提出三種主要的論述,分別爲社會認同論(Social identity and the self)、涵化論(Accultural theory,或稱爲文化交流論)、認同形成論(Identity formation theory):

1.社會認同論(social identity and the self)

這種理論認爲,文化認同完全是由族群認同而產生的。例如,身爲某族群的一員,因爲感到自己從屬於這個團體,因此就會自然而然地逐步接納該族群

的價值觀、風俗、行為規範、儀式和方言等。而載接納這些文化內涵的同時，個人也會進一步提高對族群的認同程度。

Taife 和Turner(1986)認為，多數人都需要一種穩固的群體認同(Group identification)，以維繫自己身心的安適感(Sense of well-being)。成為一個群體的成員，這就提供個人一種歸屬感(Sense of belonging)，而在此過程中，個體的自我意識與其所屬的族群文化會逐漸產生關聯，從而建立一種正向、積極的自我概念。

由此可知，社會認同理論強調的是「存在決定其思想」，因為從屬於某個群體，而發展出對該群體的文化認同。

2．涵化論(Accultural theory)

涵化論（或文化交流論）認為，因為有不同文化之間的接觸，族群的界線才容易被突顯，文化認同才容易形成。Berry、Trimble和Olmedo（1986）認為，涵化一詞通常是指兩種不同文化族群相互接觸，而導致其中某一族群（或二個族群同時）在文化態度、價值觀和行為產生改變。

涵化論所關切的焦點，通常在於族群團體而非個體，例如少數族群或移民團體的文化，與主流群體或整體社會的文化發生交流、衝突時，產生的互相對立或融合現象。

Nimmy（1991）認為，在遭遇不同族群間的文化交流和碰撞時，個人的適應模式可分為四種：

（1）涵化者（Acculturative）：也稱為雙認同取向。這樣的人對於本族群的傳統文化和社會的主流文化都能夠接受，也有能力加以整合、調適，形成自己的一套價值體系。

（2）分離者（Dissociative）：也稱為本族文化取向。這種人排斥並抗拒其他的文化，但對於自己族群的傳統文化具有強烈的向心力，會固守傳統的生活方式和風俗，與外界顯得比較格格不入。

（3）邊緣人（Marginal）：或稱為雙疏離取向。這樣的人受到文化之間衝突的影響，不接受主流文化的涵化，卻也喪失了自己族群文化的傳承，顯得與二者都脫節，無法融入任何一方。

（4）同化者（Assimilative）：或稱主流文化取向。這類人幾乎完全拋棄了自己族群的傳統文化，而徹底接受了社會上主流的文化價值觀和規範體系。

總之，涵化論認為，文化認同主要是發生在兩種或多種族群文化互相交流、

碰撞的時候，由於個人面對不同價值體系之間的衝突，因此會需要在各種文化體系之間作出選擇。當然，個人不一定只能認同其中一種文化（同化者或分離者），也可能很好地整合了兩種文化的特性，欣賞並尊重每一種價值體系，並且在多種文化之間游走自如（涵化者）。Mona、Tamara和Carman等（2002）利用Oetting和Beauvais（1990）的直交文化認同量表（OCIS）對121位亞裔美國大學生的研究就發現，對兩種文化的認同不一定是衝突的，個人完全有可能在吸收主流文化優點的同時，依然保有自己族群的傳統文化。

3．認同形成論(Identity formation theory)

這種理論認為，每個人的文化認同過程都是獨一無二的。文化認同是在個體、文化、時間及社會背景的交互作用下，透過不斷的抉擇與評價而產生的，其中可能會出現衝突的情形(賴慶安，2002)。

Smith(1991)的研究表明，文化認同的形成與發展，有以下幾個特色：（1）文化認同與個人的身分認同有關；（2）文化認同是一個終其一生的過程，個人會不斷地調整、深化或改變其文化認同；（3）文化認同是一種區別差異、劃分界線的過程，對某一族群文化的認同，也代表著劃定族內、族外的界線，決定什麼樣的行為在界線內部或外部。

另一方面，Helms（1990）根據過去不同學者定義的文化認同發展模式，總結出以下的重點：（1）在文化認同的階段上，有的以價值觀的改變為階段分類的基礎，有的以態度的轉變為基礎，有的則以行為改變為基礎；（2）每個學者都假定個人在文化認同發展上具有階段性，並且一般而言是循序漸進、由低階往高階發展；（3）在文化認同形成的最終階段，個人對自己所屬的族群會擁有一種健全而穩定的正面態度，能夠理性地看待主流文化以及其他的族群文化，並且願意為本族文化的延續和發展，貢獻自身的力量。

（三）文化認同的維度

關於文化認同的要素或是維度，由於研究出發點的不同，學者們有各種歸納方式。其中有著重於本族文化的認識、瞭解，如部落的位置與歷史、家庭親屬關係、各種生產活動與禮俗等(陳枝烈，1997)；也有強調個人對族群文化的感知、自我概念、對文化活動的投入、族群文化的歸屬等構面(黃森泉，1999；賴慶安，2002；Dehyle,1992；Hill,2004；Phinney,1990)。

部分人類學研究（如Dehyle，1992；陳枝烈，1997）將文化認同區分為文化投入、文化歸屬、文化統合等三個維度：

1. 文化投入

文化投入（Cultural input）是指個人主動參與到文化活動，並積極吸收文化相關資訊的一種表現。文化投入常被用來當作文化認同程度的指標，它不僅包含著對族群文化的認知，也包含著更積極地參與層面的表現。

在文化人類學領域，文化投入可以意味著少數民族成員積極參與各種文化歷史的傳承及生產活動方面，如農事活動、祭典儀式等（陳枝烈，1997），也包括使用少數民族母語、延續傳統習俗、信仰傳統宗教等活動（許木柱，1990）。而在組織內部，員工的文化投入則可以意味著積極參與企業的文化宣講、文化活動，以及主動向新進員工宣傳企業文化理念和行為規範等。

2. 文化歸屬

文化歸屬（Cultural belongingness）是指個人自我感覺隸屬於某個文化團體或屬性的過程。這種文化歸屬感代表個人認為自己是族群的一份子，對於族群的文化、價值觀、社會規範等，都視為自己價值體系的一部分。

在人類學領域，少數民族的文化歸屬，意味著該少數民族成員認同自己是該民族的一分子，即使身處都市、長期與漢族主流文化接觸，也不會忘本。而在企業內部，員工的文化歸屬則代表該員工全心全意認同自己是企業的一分子、是企業不可分割的一部分。

3. 文化統合

文化統合（Cultural integration）是指個人能把某一族群的文化與其他文化加以融合、適應的程度。以社會學觀點來看，每個人都同時隸屬於多個群體，如家庭、社區、公司、校友會乃至民族、國家等，同樣地，每個人都面對著多種文化或次文化的衝擊和融合。將這些次文化與主流文化加以融合並適應的過程，就稱為文化統合。

在人類學研究中，如Dehyle(1992)研究發現，雖然印地安人的社會經濟地位普遍較低，但個族的自我認同程度卻彼此有別，其教育狀況也不相同。其中某些族群能夠較好地將主流的美國文化和本族傳統文化統合在一起，因此自我認同感更強、傳統文化也保存得較完整；而其他族群由於無法統合不同的文化，因此面臨較大的文化衝突，自我認同感較低。而在企業內部，文化統合則意指員工把企業的文化和自身接受的其他文化加以融合的程度，文化統合度低，則員工較易出現工作、家庭和休閒生活的衝突。

這三個維度事實上各自具有不同層次的文化認同目標。首先，文化投入不

但代表個人對自己族群文化的熟悉程度，也表現為積極投入參與文化發展的過程，如使用母語、參與本族群的宗教活動或民俗祭典、與自己的族人經常來往等。文化歸屬則是將自我概念歸屬於這個文化團體或屬性的一種心理過程，除了對族群文化的認知和參與外，更進一步產生情感上的依附及歸屬，這屬於文化認同的情感層面。最後，文化統合則是在不同族群文化的接觸、衝擊中，個人所採取的一種調適性的統合行動。由於現代人面臨多族群、多文化的衝擊和碰撞，因此文化統合對於個人的身心調節和社會適應十分重要。

另外，也有學者依照心理學的認知原則，將文化認同區分為四個維度（陳月娥，1986；李丁贊、陳兆勇，1998；劉明峰，2006）：

1. 認知的（Cognitive）：個人覺得自己是從屬於某一團體，並且瞭解此團體文化的各種特性。

2. 情感的（Affective）：個人對所認同的文化團體或文化對象產生歸屬感，而且在情感上有「團體內」與「團體外」的劃分。

3. 知覺的（Perceptual）：除了對該團體認同外，還產生了喜愛的感覺，在團體中能夠自得其樂。

4. 行為的（Behavioral）：不只在認知和情感層面認同該文化團體，更以具體的行為來支持文化的發展和壯大。

（四）小結

從上面文獻綜述可以看出，人類學及社會學者早已對文化認同進行過許多研究，主要集中在次文化認同、少數民族文化認同、消費與文化認同等方面。但至今還很少有學者對組織文化認同進行過系統性的研究。

此外，對於文化認同的定量測量工具也尚未完善，目前多數學者是透過訪談、田野調查、符號學分析等定性方式進行研究，採用問卷調查等定量研究方式者較少。在人類學領域，應用較廣泛的文化認同調查工具，是直交文化認同量表（Orthogonal Cultural Identification Scale，OCIS，也稱為他族文化認同量表），這份量表主要是用於測量移民或少數團體成員對自身文化及主流文化的認同程度（Oetting & Beauvais，1991），它包括五套各六個條目的量表，用以測量個人對亞洲、盎格魯薩克森、拉丁、非洲以及美洲本土文化這五類文化的認同情形，主要題目有「是否瞭解該文化的特殊風俗或傳統」、「你或你的家庭是否按照文化傳統生活」等，相對而言，這份量表比較難移植到組織文化認同的研究中。

另一方面，劉明峰（2006）研究消費文化認同時，自行設計了有認知、情

感、知覺、行為等四個維度的量表，其他研究者也有依照文化投入、文化歸屬、文化統合三個維度擬定量表的。唯這些量表多半並未經過充分驗證，信度和效度難以保證。劉苑輝（2006）曾經採用蓋洛普公司（The Gallup Organization）著名的Q12量表，來衡量中國企業員工的文化認同度。然而Q12原本是用來測量企業基礎環境和管理氛圍的，與企業文化認同度的概念並不相同。

因此，本研究決定在文化認同、組織認同及人與組織匹配文獻的基礎上，以定性和定量研究的方式，初步探討組織文化認同度及其對工作結果變數的影響。

關於組織文化認同度（Organizational Cultural Identity）的定義，本研究參考人類學家對文化認同度的定義（卓石能，2002；陳枝烈，1997），定為：

員工接受組織文化所認可的態度與行為，並且不斷將組織的價值體系與行為規範內化至心靈的程度。

在本研究中，設計出「組織文化認同度量表」將是主要貢獻之一，主要採用認知、情感、行為和社會化等四個維度，利用紮根理論及專家討論法進行條目的篩選和修正，再透過定量研究來驗證該量表的適用性。

2.3　變革型領導文獻綜述

2.3.1　變革型領導的意義與特質

變革型領導（Transformational Leadership）一詞最早出現在Burns 於1978 年所著的《領導論》（Leadership）一書當中。該書之所以稱作「變革型」領導，乃是因為Burns 將領導的研究焦點放在如何透過領導的作用來轉變組織原有的價值觀念、人際關係、組織文化與行為模式。

Burns認為，領導是一種領導者與部屬之間相互影響關係的演進過程，領導者與員工共同致力於才智激發（Stimulation）與心靈鼓舞（Inspiration）來帶動組織變革，透過此一歷程，領導者與部屬的工作動機與合作道德得以提升，同時也能促進組織社會系統的改變與組織體制的變革（Burns，1978）。

Bass（1985）指出變革型領導是指成員對領導者具有信任、尊重、忠誠等感覺，領導者透過改變成員的價值與信念、開發其潛能、給予信心等方式來提高成員對組織目標的承諾，並產生意願與動機，為組織付出個人期望外的努力。

同時，領導者並激勵員工提升其需求層次，啓發員工對自我行爲的自覺意識，而非將自我行爲建立於獎懲系統的交換行爲上。

變革型領導是一種領導者和成員彼此提升與激勵的相互關係，變革型的領導者應著重成員正向道德價值和高層次需求的啓發（王佳玉，1999）。

Bennis & Nanus（2000）則是從組織改變的角度來解釋變革型領導。他們認爲，變革型領導者應善於運用權力和情境等有利因素，激發成員創新的意願和能力，使組織在面臨環境變遷時能調整運作的方式，爲組織發掘出潛在改變的機會，以適應環境的變遷。

另外，在變革型領導者的人格特質方面，Bass（1990）指出，變革型領導者所具有的重要特質包括以下幾項：在面臨危機時能保持冷靜和幽默感、在壓力及關鍵時刻能夠維持恆心與毅力、能夠盡責、保持情緒穩定等。

此外，在Koehler（1997）、張慶勳（1995）的研究中，曾歸納出變革型領導者的人格特質還包含：自信、較能冒險、有理想、較具有彈性、自我開放、具有創造力、能容忍較具複雜性，即不確定性的問題、有前瞻性的視野、具有個人魅力。

張潤書（1998）則認爲變革型領導者具有下面幾項特質：創造前瞻遠景、啓發自覺意識、掌握人性需求、鼓舞學習動機、樹立個人價值、樂在工作。

因此，變革型領導理論希望透過領導者的個人魅力與願景，從精神、觀念和道德層面獲得部屬的敬仰和認同，激發人員超越交易的現實關係，共同追求人格的成長，並有效達成組織使命。所以變革型領導者扮演組織意義的創造者、組織凝聚的締造者、組織不安的解決者、組織成功的舵手等種種啓發性的角色（王佳玉，1999）。

2.3.2　變革型領導維度與相關變數

關於變革型領導的維度及指標，各家學者的看法如下：

(一)Bass & Avolio（1994）

Bass & Avolio（1994）在《Improving Organizational Effectiveness》一書明確指出當領導者表現出以下幾種行爲時，就是變革型領導：

1. 領導者能刺激成員以新的觀點來看他們的工作。
2. 使成員意識到工作結果的重要性。

3. 領導者協助成員發展本身的能力與潛能，以達到更高一層的需求層次。

4. 領導者能引發團體工作的意識與組織的願景。

5. 引導成員以組織或團隊合作為前提，並超越本身的利益需求，以有利於組織的發展。

Bass ＆ Avolio（1994）即根據這些描述，進一步具體分析出變革型領導的四個維度，其中「理想化的影響力」和「心靈的鼓舞」又可以合併為一個構面：

1. 理想化的影響力（Idealized influence）：理想化的影響力是指能使他人產生信任、崇拜和跟隨的行為。它包括領導者成為下屬行為的典範，得到下屬的認同、尊重和信任。這些領導者一般具有公認較高的倫理道德標準和很強的個人魅力，深受下屬的愛戴和信任。大家認同和支持他所宣導的願景規劃，並對其成就一番事業寄予厚望。

2. 心靈的鼓舞（Inspirational motivation）：變革型領導和傳統領導理論之間最大的不同點，即在於對員工工作動機的啓發。變革型領導者必須先揭示一個能夠結合組織發展與個人成長的未來願景，同時考慮組織所處之情境和部屬的個別需要，使這個共通的願景或組織目標能成為員工工作動機的源頭，賦予個人工作行為較為深刻的行動意義。而在這種願景形成與動機啓發的領導過程中，逐步提升組織績效，逐漸提高部屬個人的工作期望。

3. 才智的激發（Intellectual stimulation）：變革型領導者的職責，在於建立一種能激發組織上下才智互動的創造過程。透過彼此意見的交換、腦力的激蕩與思考觀念的多元化，組織能夠應付詭譎多變的環境。其中最重要的是，變革型領導必須破除過去唯命是從的領導關係，從根本上來培養部屬獨立自主的能力，以避免盲目的服從和單一的思考。

4. 個性化的關懷（Individualized consideration）：變革型領導同時關注工作與人員兩個面向，但更重要的是針對人員性情、能力的個別差異，關懷其思想與行為的改變。在關心人員的構面上，變革型領導不只關切人員的心理感受，更透過引導方式來促進其人格的成長。

(二)Bennis ＆ Nanus（2000）

Bennis ＆ Nanus（2000）將能夠帶領人們行動、培養部屬成為領袖，最後推動組織變革的領導者稱為變革型的領導者。變革型領導者會做以下幾件事：

1. 建立共同的願景。

2. 透過溝通達成共識。

3. 形成彼此的信任。

4. 讓員工自我發展。

(三)Yukl（1998）

Yukl（1998）提出了十一項變革型領導行為的原則：

1. 發展清晰明確且吸引人的願景。

2. 發展達成願景的策略。

3. 說明與提升願景。

4. 表現出自信與積極。

5. 表現出對成員的信心。

6. 從階段性的成功來建立信心。

7. 慶祝成功。

8. 使用戲劇性和符號象徵的行為來強調核心價值。

9. 成為員工的楷模。

10. 創造、樹立或消弭文化形式。

11. 使用轉移的儀式協助成員度過改變。

(四)Jantzi ＆ Leithwood（1996）

Jantzi ＆ Leithwood 兩人根據Bass、Avolio、Yammarino（1993）所合作編制的MLQ 量表，設計出另一套變革型領導的專門量表，其指標如下：

1. 提供願景。

2. 提升對團體目標的接受度。

3. 提供個別的支持。

4. 智力啟發。

5. 建立適切的典範。

6. 提高員工的期望。

(五)Alimo（1998）

他提出下列幾項新面向，作為衡量變革型領導的新模式：

1. 關懷部屬的個別需要（Concern for Individuals'Needs）

2. 正直（Integrity）

3. 公開與誠實（Openness and Honesty）

4. 親和力（Accessibility and Availability）

5. 授權（Empowers Others to Develop）

6. 敏銳與精巧的變革（Managers Change Skillfully and Sensitively）

7. 鼓勵批判思考（Encourages Critical Thinking）

8. 智識的多元化（Intellectual Versatility）

9. 果斷、不屈不撓、成就導向（Decisive, Tenacious, Achieving）

其中，Bass與Avolio於1993年提出多元領導特性問卷(MLQ)，包括了八個維度，分別為魅力型領導(Attributed charisma)、理想化的影響力(Individual influence)、心靈鼓舞(Inspiration)、才智激發(Intellectual stimulation)、個性化的關懷(Individualized consideration)、適切的報償(Contingent reward)、主動式的例外管理（Active management-by-exception)、被動式的例外管理(Passive management-by-exception)，這八個維度又可被歸納為兩個二階因子維度，即變革型領導與交易型領導。MLQ是目前測量變革型領導最常用的工具之一。

在變革型領導的相關變數方面，近年來西方進行了大量的實證研究，發現變革型領導與組織效能或組織績效（Bass et al.，2003； Geyer& Steyrer，1998）、單位凝聚力（Bass et al.，2003；Geyer& Steyrer，1998）、組織承諾（Geyer& Steyrer, 1998）等變數具有顯著相關。也有研究顯示傑出企業領導者之領導行為，都是變革型領導者（Friedman et al.，2000）

國內學者的研究也表明，變革型領導與組織績效（孫瑞霙，2001；簡嘉誠，2001；陳樹，2000；蔡進雄，2000；廖裕月，1998）、組織承諾（李超平、田寶、時勘，2006；莊永雄，2003；范熾文，2002）、工作滿足感（張智強，1998；劉珊宇，1998）、員工滿意度（李超平、田寶、時勘，2006）、組織公民行為（吳志明、武欣，2007）、領導有效性（李超平、時勘，2003）等變數顯著相關。

2.4 組織承諾文獻綜述

2.4.1 組織承諾之定義與維度

組織承諾是一個橫越組織與社會學廣泛的系列概念，學者普遍認為組織承諾可以預測員工曠職（Brooke ＆ Price,1989; Gellarly, 1995; Sagie, 1998），離職（Martin, 1979; Micheals ＆Spector, 1982; Muller ＆ Price, 1990）和其他工作行為（Mathieu ＆ Zajac,1993; Willians ＆ Anderson, 1991）。然而，研究學者對

於組織承諾的概念與定義因爲不同的學派、理論而缺乏一致性，Morrow（1983）就指出，有關組織承諾的定義超過25 種以上。

最早提出組織承諾概念的是Becker（1960），他認爲組織承諾是指雇員隨著其對組織的「單方面投入」增加，而產生的一種甘願全身心地參與組織各項工作的感情。爲此，他提出了「單方投入理論（Side-bet theory）」，即隨著雇員對單位在時間、精力甚至金錢上投入的增加，則雇員一旦離開組織，不僅會損失各種福利，同時自己在組織中投入的大量精力和時間也將白費。因此，雇員對組織投入越多，就越不願意離開組織，只能繼續待在組織裏服務。

在Becker以後，許多學者都對組織承諾進行了定義和研究，部分學者的定義歸納如下：

表2.3 組織承諾定義

學者	定義
Porter et al.（1974）	組織承諾是個人認同與投入一個特定組織的強度。
Buchanan（1974）	組織承諾是成員對於組織目標與價值的一種偏好的情感附著。
Weiner（1982）	組織承諾是一種內化了的規範力，使雇員的行爲配合組織的目標和利益，甚至爲組織作出犧牲。
Mowday et al.（1982）	組織承諾是成員對組織的認同與投入態度的相對強度。亦即成員信任與接受組織的目標與價值，願意爲達成組織目標而努力，且具有維持組織成員身分的欲望。
Morrow（1983）	組織承諾是成員對於組織目標與價值的信任與接受程度。
Robbins（1992）	組織承諾是成員對於組織與組織目標之認同，且希望維持組織成員身分之程度。
Meyer ＆ Allen（1997）	組織承諾是員工對於組織的關注與附著程度。

資料來源：本研究整理

其中，1984年，加拿大學者Meyer和Allen對過去研究者關於組織承諾的研究進行全面分析，將Becker所提出的承諾命名為「持續承諾（Continuance Commitment）」，即雇員看重的是保持自己在組織中的位置，從而保住自己應得的各種福利，也使自己已然投入的精力和成本不至於付諸東流。而Buchanan和Porter等人提出的定義，則被Meyer和Allen命名為「情感承諾（Affective Commitment）」，即雇員努力工作是因為對組織存在感情，而非基於單純的物質利益。在這個基礎上，Meyer和Allen編制了「情感承諾量表（Affective Commitment Scale，ACS）」和「持續承諾（Continuance Commitment Scale，CCS）」。

1990年，Meyer與Allen進行了一次更為綜合性的研究，將Weiner所提出的「內化的規範力」命名為「規範承諾（Normative Commitment）」，即雇員願意為組織工作，是由於受到行為規範的約束，進而對組織產生責任感和義務感。兩人並編制了「規範承諾量表（Normative Commitment Scale，NCS）」。

除了Meyer和Allen的三維度模型外，許多學者都提出過對組織承諾的維度劃分。如Kanter（1968）將組織承諾分為持續承諾、凝聚承諾與控制承諾；其中凝聚承諾和控制承諾正好對應於Meyer和Allen的情感承諾及規範承諾。O'Reilly及Chatman（1986）則將組織承諾區分為內在化（Internalization）、認同（Identification）和順從（Compliance），Yoon和Thye（2002）把組織承諾分為情感途徑（Emotional/Affective Approach）和認知/評價途徑（Cognitive/Evaluative Approach）等。

在亞洲，Sekimoto M.和Hanada M.（1985）的研究表明，日本雇員的組織承諾有四個維度：感情承諾、內部化承諾、規範承諾和持續承諾。而中國學者張治燦等（1997）則提出組織承諾包含感情承諾、規範承諾、理想承諾、經濟承諾和機會承諾等五個維度。余凱成（1996）則提出功利性承諾、參與性承諾、親屬性承諾、目標性承諾、精神性承諾等五個層次的組織承諾模型。

由此可知，學術界對組織承諾的維度及分類還存在爭議。但一般而言，Meyer與Allen的持續承諾、情感承諾、規範承諾三維度模型，是目前最被廣泛接受的組織承諾模型之一。

2.4.2 組織承諾相關變數

近年來，關於組織承諾與其他組織行為學相關變數的研究很多，例如Bhuian

和Menguc（2002）發現工作特性對組織承諾有直接的影響；Valentine等人（2002）發現組織承諾與道德、價值觀及個人-組織調整明確相關；Elizur和Kosowsky（2001）發現個人的工作價值觀與組織承諾相關；Meyer等（1993）、Testa（2001）等發現工作滿足感與組織承諾有關。

國內學者近年對組織承諾的研究也逐漸增加，目前組織承諾與領導行為（朴英培，1988）、組織公平感（蔡木霖，2002）、國家文化（古金英，2001）、工作投入（陳孟修，1998）、工作績效（陳孟修，1998；范熾文，2002）、工作價值觀（朴英培，1988）等變數的關係，均得到實證研究的支持。

2.5 離職意向文獻綜述

2.5.1 離職意向概念界定

離職意向（Turnover Intention）是指個體在一定時期內變換其工作的可能性（Alfonso Sousa-Poza & FreHenneberger，2004）。

離職行為通常被分為被動離職（受到企業解雇、工傷、退休等因素導致的離職）和主動離職（員工基於自身的因素和考量而主動選擇離職）（呂京儒，2004）；由於員工一般都會在仔細考慮後才選擇主動離職，因此在正式離職前，員工或多或少都會顯露出離職傾向。

西方學者認為，研究離職意向要比研究實際的離職行為更有意義。Bluedorn（1982）、Price和Mueller（1981）等人甚至建議在研究中用離職意向代替實際的離職行為，因為離職行為受到很多外在因素的影響，比離職意向更難預測。

其次，離職意向往往可以作為離職行為的直接預測指標。呂京儒（2004）認為，離職意向與態度、願望、行為一致，並且它通常被認為是離職行為的「預測者」。Bluedorn（1982）針對23項離職意向研究所做的元分析中，也發現離職意向和離職行為之間有非常顯著的直接關係。最後，相較於實際的離職行為，離職意向更能準確地反映組織實際的管理水準。因為一個組織的員工也許離職意向很高，但由於行業內失業率很高、不容易找到工作等其他原因，離職意向沒有演化成實際的離職行動，這種低離職率可能會掩蓋組織管理水準不佳的實況。

2.5.2 離職意向影響因素

離職意向可以說是企業管理水準的最重要指標之一，歷年來學者們對影響員工離職意向的因素，作了許多研究。

例如，March和Simmon（1958）認為離職意向主要受到工作滿意度和個人在組織中轉換單位的可能性影響。Igharia和Greenhaus（1992）則指出，離職意向會受到工作滿足感、生涯滿足感和組織承諾的影響。McNeilly和Russ（1992）則認為組織承諾是離職意向的直接影響因素。

其他相關研究還有很多，但一般而言，組織承諾、工作滿意度、工作壓力等三者，被認為是影響離職意向的最主要因素（呂京儒，2004）。

2.6 變革型領導、組織文化認同度、組織承諾與離職意向之相關研究

如前文所述，目前學術界對組織文化認同的實證研究較為稀少，因此對於組織文化認同的前因和結果變數，也缺乏相關研究文獻。

在人類學領域，許多學者對文化認同的前因與結果變數做過研究。如Hill（2004）指出文化認同能預測少數族群青少年的自我概念、學業表現等，Edgecombe（2004）發現文化認同與個人幸福感有關，Chen（2004）指出文化認同會影響到少數族群的環境適應和自我感覺等。臺灣的人類學相關研究（譚光鼎，1995；陳枝烈，1996）也指出文化認同與個人認同、社會適應、自信心、學業表現等存在正相關。

此外，由於人與組織匹配（P-O-Fit）概念與組織文化認同度相近，因此和人與組織匹配相關的因素，也可作為本研究的借鑒。過去的學者研究發現，人與組織匹配和工作滿意度（Calbe & Judge，1996；Chatman，1991）、組織公民行為（O'Reilly & Chatman，1986）、工作績效（Goodman & Svyantek，1999）、組織認同（Cable & DeRue，2002；Saks & Ashforth，1997）、組織承諾（Cable & Judge，1996；Saks & Ashforth，1997；Vabcouver & Schmitt，1991）和離職意向（Cable & Judge，1996；Chatman，1991；O'Reilly et al，1991；Saks & Ashforth，1997）等變數存在相關。其中，人與組織匹配和組織承諾、離職意向的關係，得到較多研究的支持；這主要是由於，如果一個人認為自己的價值觀與組織間存在良好的匹配，就比較可能選擇留在組織中（Chatman，1991），因此，價值

觀的一致與否，對員工是否在兩年內離職，有顯著的預測效果（O'Reilly，1991）。

　　而在組織認同的研究方面，同樣有許多研究表明，組織認同與組織承諾（Bergami & Bagozzi，2000）、組織公民行為（Dukerich et al.，2002）、工作滿意度（Dick et al.，2002）等變數存在顯著相關。

　　另一方面，變革型領導也已被證實與許多組織行為學變數存在相關，如組織凝聚力（Bass et al.，2003；Geyer& Steyrer，1998）、組織承諾（Geyer& Steyrer，1998；李超平、田寶、時勘，2006）等。而變革型領導與組織認同（馬雲獻，2006）的相關性也得到證實。

2.7 關於傳媒組織文化的文獻綜述

　　目前關於傳媒組織文化方面的研究較少，且多半停留在業務總結和概念論述等方面，缺乏足夠嚴謹的實證研究支持；如彭泰權和董天策（2004）、姜吉（2007）等曾論述過傳媒組織文化的重要性，但未能更加深入地探索傳媒組織文化的內涵和作用。然而，傳媒毫無疑問是一種十分重要的社會組織，不僅具有一般企業的經濟屬性，同時對社會的資訊告知、教育、文化傳承等方面皆具有關鍵作用。因此，探討傳媒本身的組織文化、員工行為等，對於傳媒以及企業管理方面的研究均具有重要意義。

　　事實上，中外發展良好的報業集團、傳媒集團（公司），也都有其獨特的優質企業文化，有一套為其員工認同、信奉和實踐的核心價值觀。

　　以 BBC 為例，瑞士學者金-尚克爾曼（Kung-Shankleman，2000）曾針對英國 BBC 的文化進行過深入的研究，通過在 BBC 組織內的大量訪談和觀察，他發現除了眾所周知的願景和使命外，BBC 員工心中還有幾個核心的文化基本假設：

　　（1）BBC 是與眾不同的。政府的補助和公共服務的身分，使得 BBC 的員工對於公共廣播電視懷有強烈的使命感。

　　（2）BBC 是業界第一的。BBC 對新聞、美術和技術能力皆有著極高的標準；BBC 的員工運用獨特且具創意性的技能，製作出世界第一的廣播電視內容。

　　（3）BBC 是英國生活方式的一部分。BBC 不僅是廣播電視集團，更在英國人的生活中扮演著獨一無二的角色，是英國「國家結構」的一部分。

（4）BBC 有捍衛優良傳統的使命。

這些文化假設實際上構成了為 BBC 員工所認同的核心價值觀，使得每位員工都以身為 BBC 的一員為榮，即使管理者不以嚴格的制度來約束，員工仍然會自覺、自發地去生產高品質、高品位的節目，並且持續地提升自我，希冀真正能夠達到 BBC 企業文化所追求的「與眾不同」、「業界第一」的目標。正如 BBC 一位員工所說的：「能在這樣一個深具優良傳統的組織工作，我覺得是一項殊榮，因為這個組織長期以來一直製作著世界上最好的廣播與電視節目……即使競爭者不斷急起直追，我們還是能夠打敗世界上眾多的競爭者。」可以說，儘管 BBC 的成功有其時代背景，也有包含政府支持、正確的戰略規劃、高素質的人員等因素的影響，但其中強勢的、員工高度認同的企業文化無疑起到了關鍵作用，是優質企業文化在凝聚員工的心智，引導組織及員工的努力方向，不斷地激發其創新精神和工作激情，並使 BBC 持續創造出有口皆碑的一流新聞傳播內容產品，贏得了世界頂級傳媒的聲譽。

價值觀是企業文化的基石，而核心價值觀則是企業組織的基本理念和信仰。吳海民（2006）曾論述道：「*（核心價值觀）是一個企業所信奉的、宣導的、員工共同持有並在實踐中真正實行的價值理念。這種價值理念應常成為一種相當持久的信念、一種滲透於日常決策中的思想方法和道德規範。以此為出發點，形成對企業建設和發展問題的基本看法、基本主張，形成員工群體共同信奉的理性原則和是非評判標準。從這個意義上說，它是企業人格化的產物，是企業的圖騰。它不是拿來炫耀的某種招牌或口號，而是企業真正信奉的東西，是信仰，是使命；它不是某種秘而不宣的單向默契和心理暗示，而是在企業中公開昭示並大力宣導的理性化信條；它不是企業領導人的個人信念和主張，也不僅是幾個高層管理者的約定和共識，而是全體員工共同的精神追求；它不是放在抽屜裏束之高閣的一紙空文，而是在企業中真正實踐著、落實著的價值理念。它體現在每個員工的自覺意識上，是企業建設的靈魂。*」對員工而言，核心價值觀既是一種理想信念和精神追求，又是組織內部的成就標準。它不僅界定了「成功」這一概念的具體內容，而且為員工指明了前進的方向。

國內報業組織作為「准企業」，建設企業文化是其題中應有之義，核心價值觀作為企業文化的靈魂，也必然是報業企業文化的支柱。所以，高度重視對核心價值觀的提煉、傳播與共用，無疑是報業集團企業文化建設最重要的任務之一。

　　在中國，對報業集團企業文化進行的專題研究目前較少，特別是有關的實證研究，幾乎還付之闕如。從國內已有的相關論著看，範以錦所撰《南方報業戰略》（2005）在論述報業組織企業文化與其核心競爭力二者的關係方面，可謂見解獨到且頗具新意：「*一張成功的報紙，一家成功的報業集團，它的企業文化必定有自己的獨到之處，神奇之處……如果說南方報業的企業文化有什麼特點，那就是更加包容，更加理性，更加注重創新開拓。寬鬆和諧的內部關係，激發了南方報人對事業執著的理想和狂熱的激情，在一個開放式的氛圍裏，一個開放式的平臺上，強烈的社會責任感與專業精神得到最大限度的啟動與迸發。這樣一個充滿活力的內在機制和精神氣質，使事業的發展、個人的發展形成良性互動，造就了一個個獨樹一幟的品牌媒體，造就了一個個有著顯明個性的職業報人，造就了南方報業獨特的企業文化。*」

　　在闡述南方報業企業文化形成的歷史淵源和「文化基因」時，他進一步指出，「南方報業是從有 56 年歷史的南方日報發展衍生而來的，南方日報的前身中有香港《華商報》的影子。從根基上看，註定了她的眼光從來都是開放的，務實的。而廣東這個地域上的南方，歷來的辦報環境都有著獨到的優勢……這其中的血脈延續，實際是有規律可循的，這些基因深埋在南方報人的骨子裏，浸淫在南方報人的呼吸裏。解開了南方報人的代代相傳的文化密碼，就會真正明白'品牌媒體創新力量'的全部含義。」　「品牌媒體創新力量」是範以錦在實踐基礎上對南方報業核心競爭力的獨特認識和高度概括，他的這段論述，深刻揭示了南方報業歷史傳承的企業文化在其中的重要功能和作用，他還聯繫集團實施的多品牌戰略，對其功能作用做了進一步的闡釋：「而一個充滿活力和生命力的報業集團，它的內在能量，是從組織架構上看不出來的，而是要看它企業文化內在的價值鏈。正是這種'價值鏈'的共同價值觀，把報業集團企業文化的各個要素環環相扣，相互依存，相互補充，相互促進，終端反過來又可作用於始點，以良性迴圈不斷推動報業集團的事業螺旋式上升。」由此可見，企業文化與南方報業傳媒集團核心競爭力的形成與提升，二者之間有著何等重要和密切的內在聯繫。

　　從實證研究方面的成果看，陳致中（2010）針對臺灣《聯合報》的定量研究有一定的說服力，該項成果表明，當員工高度認同其組織的文化價值觀時，會對傳媒組織有較高的組織承諾（歸屬感、投入感與忠誠感），並且離職意向也較低。這足以說明一個強勢的、員工高度認同的文化，是傳媒核心競爭力的一個

關鍵。因為員工高度認同傳媒組織的文化，才能夠產生向心力和職業歸屬感，以高度自覺的敬業精神和勤奮不懈怠的工作態度做好本職工作，充分發揮其聰明才智和潛能，創造良好的業績，留住員工並且吸引更多的優秀人才加盟。這對於人才密集型的企業──報紙、報業集團等傳媒組織而言，乃是獲得持續發展至關重要的一環。

從總體上看，目前國內有關傳媒企業文化的研究成果相對匱乏，然而，中國報業組織在其發展實踐中，卻積累了相當豐富的建構企業文化的經驗，提供了不少可資借鑒的鮮活案例，其中的佼佼者對其企業文化也形成了獨到的認識。

比如，南方報業集團前董事長楊興鋒（2008）曾將南方報業的文化歸納為四個主題詞：「擔當」、「創新」、「包容」、「卓越」。 「擔當」意指媒體必須擔當起包括新聞、政治、社會、文化和經濟等五個方面的社會責任。具體內容是：新聞方面要為每一篇報導的真實性負責；政治方面要掌握社會的話語權，要對自己所傳播的輿論、意見和觀點負起政治責任；社會方面要將社會效益放在第一位，對自己所傳播內容的社會影響負責；文化方面要傳承民族優秀文化和傳統，對引導資訊文化發展方向負責；經濟方面要履行自身的經濟責任，包括依法經營，構建企業文明，保護員工合法權益等等。「創新」對於南方報業來說，不僅意味著產品創新、行銷創新和經營創新，還包括組織創新、制度創新乃至對品牌媒體群運籌帷幄的產業創新。「包容」則反映了南方報業的和諧觀，它包括三個層次的含義：其一是把握正確的導向和積極探索之間的平衡；其二，強調文化的多樣性與和諧；其三，強調多品牌、多元化發展的戰略異同。而「卓越」既是一種境界，也是一種姿態，要求南方報業的員工積極進取，不斷超越自我。

如果說南方報業企業文化中蘊含著深厚的歷史積澱和「文化基因」傳承，並體現出一種多品牌、多元化組織結構下的向心力、凝聚力與諧調關係，那麼一報獨大的強勢媒體或報業集團，其企業文化則呈現出組織中員工對於自身（報紙或報業集團）的高度認同感和自豪感，它折射出組織內部價值觀的同一與自信。

例如，中國報業集團中的先行者──廣州日報集團，其主報《廣州日報》是一路領跑、氣勢如虹的強勢品牌媒體，「追求最出色的新聞」這句話每天都印在該報頭版報頭位置，它可以說是對該報核心價值觀的高度概括，體現出一種職業理想和追求，且透露出某種自信，該報現任社長戴玉慶在談到其辦報理

念與品牌發展路徑時指出，這句話的延伸就是「辦讀者最喜歡的報紙」。而《廣
州日報》十餘年來在廣州報業市場乃至全國單份報紙中均保持著多項第一，正
是該報員工對這一辦報理念及其核心價值觀高度認同與認真貫徹執行的回報，
他們也完全有理由爲之感到自豪。該報另一句廣告語「塑造最具公信力媒體」
表達的辦報理念，同樣體現出這種職業理想和追求，也充滿著職業傳媒人的自
信和自豪感。

　　除了廣州的兩大報業集團外，北京的《京華時報》社長吳海民（2006），對
於報紙企業文化的理解和詮釋也別具一格：「對《京華時報》以及所有創新媒體
來說，企業文化建設都是一個長期的過程……像《京華時報》這樣另起爐灶的
創新媒體，沒有自己沿襲下來的傳統，也沒有組織文化上的歷史積澱，要想重
新形成一套全新的企業文化體系，就是一個全新的課題。」因此，《京華時報》
所設定的企業文化的關鍵字是「認同感」，即包括對戰略選擇的認同和制度安排
的認同，也包括對經營活動中一些原則的認同。在全體員工對核心價值高度認
同的基礎上，才有《京華時報》建「一流隊伍，辦一流報紙，創一流效益」的「使
命」感，才有「百年京華」的長遠發展目標，才有「真誠、團結、實幹、創新」
的行爲規範。一份新創辦的報紙能有這樣明晰而務實的辦報理念，對企業文化
建設有如此自覺的意識，的確難能可貴，它在強手林立、競爭激烈的京城報業
市場中，能夠奮力拼殺且站穩腳跟，甚至後來居上，絕非偶然。

　　分析南方報業、《廣州日報》、《京華時報》等強勢報業組織（報業集團或
報紙），不難發現，清晰明瞭的核心理念所構成的企業文化，是推動其不斷前
進的基石。目前中國表現較爲出色的報紙或報業集團，大都具備其員工高度認
同的企業文化及核心理念，《廣州日報》的「追求最出色的新聞」、《南方週
末》的「正義、良知、愛心、理性」等，既體現出媒體面對社會的責任擔當，
也聚合了媒體人共同的願景和使命，其中充盈著強烈的自尊、自信和開拓創新
的進取精神。

　　不必諱言，中國報業在由傳統的計劃經濟體制下的事業單位，逐步地向具
有現代企業制度的報業組織轉型的過程中，保守的企業文化依舊較爲強勢，能
夠在改革大潮中脫胎換骨的畢竟是鳳毛麟角，絕大多數的報業組織還未能形成
與市場機制相匹配的企業文化。這樣的局面是難以適應迅速發展變化著的媒體
環境的。

　　當前，中國報業走向市場的步伐在不斷加快，報業集團面臨的市場競爭也

千變萬化，不僅報紙產業內部存在著傳統的競爭關係，而且報業與互聯網、廣播、電視等媒體間也存在著不同程度的競爭，而中國傳媒業發展已進入」傳媒集團」時代，跨媒體、跨地域、跨行業等產業化經營，也已成爲傳媒集團發展的新趨勢。如何在激烈的市場競爭中保持競爭優勢，獲得可持續的發展，這是時下報業集團最關心的問題。

對於包括報業集團在內的企業組織而言，能否健康地成長乃至基業長青，企業文化不是最直接的因素，卻是最持久的決定性因素，因而，對於任重道遠的中國報業集團來說，要以打造「百年大報」的戰略眼光和職業理想追求，悉心地培育和呵護自己的優質企業文化，增強團隊的凝聚力，提高報業組織的創新能力，保有持久的競爭優勢，獲得可持續的發展，進而實現其共同願景中的宏偉藍圖。

然而，由於種種原因，目前中國報業集團企業文化建設存在一定的滯後性，甚至呈現出某種弱勢，包括報業生存的社會環境、企業文化要素當中的核心價值觀及其溝通呈現機制等方面，都有某些薄弱環節。如果讓這種狀況延續下去，企業文化將會成爲制約報業集團可持續發展的短板。

1、社會環境導致企業文化建設相對滯後

企業環境即企業所處的社會環境。企業的生存發展總是離不開特定的環境，企業文化建設也必須面對其所處的環境。企業經營所面臨的現實環境可分爲兩個層次，即宏觀環境和微觀環境。宏觀環境，主要是指其所處的政治、經濟、文化、社會、法律、科學技術和自然等環境，這是形成企業文化共性的一個因素。微觀環境則是指由企業內部因素、供應商、中介機構、顧客、競爭對手、社會公眾等組成的具像環境形態。

在塑造企業文化的過程中，企業所處的環境是十分重要的一個影響因素。它既是決定企業能否成功的必要條件，也是塑造企業文化至關重要的決定性因素，不同的企業生存和發展環境會產生不同的企業文化。這個關於企業文化建設的命題，對任何進行企業文化建設的組織都是適用的。因爲報業作爲一種產業，進入市場參與競爭，其企業文化建設必然受到報業組織所處的特定環境的影響。

中國報業集團企業文化建設的相對滯後，正好說明了企業環境對企業文化的決定作用。這裏試從傳媒的「非產業性問題」來探討企業環境的重要性，從某種意義上說，企業所處的環境對企業文化的形成起到了決定性作用。

　　所謂「非產業性問題」，就是指報業發展過程中出現的令報業無法成爲獨立產業的問題。理論上說，中國傳媒在被確認爲具有雙重屬性（即事業屬性和產業屬性）後，傳媒作爲一個產業應無疑問，採用企業管理也屬必然，報業改革獲得了初步的成功。然而，隨著報業改革向縱深挺進，影響報業組織特別是報業集團可持續發展的「非產業性問題」形成的「硬傷」也日益凸顯。劉海貴（2006）主編的《中國報業發展戰略》一書中，歸納了「產權殘缺」、「委託人殘缺」、「集團內部管理體制不規範、組織結構不科學」、「缺乏有效的激勵和約束機制」、「管理層的自利行爲」、「集團功能開發受抑」等「非產業性問題」。這些問題不僅是報業面臨的問題，也是中國報業的真實處境。「非產業性問題」凸顯出的矛盾表明：現有的報業管理體制不能保證企業完全成爲一個產業，或者說「事業性質、企業化管理」的內在矛盾性嚴重影響了當前媒介產業的獨立性，這是中國報業面臨的宏觀社會環境。

　　既然報業尚且不能成爲一個獨立的企業，即還不能作爲完全的市場主體參與競爭，那麼作爲新興「管理模式」的「企業文化」建設也就必然受到影響。因此，中國報業企業文化建設相對滯後，甚至缺乏嚴格意義上的成熟「企業文化」，也就不足爲奇了。這種「非產業性問題」等現實語境帶來的困惑，也導致中國相當一部分報業組織在建設企業文化時，往往偏重物質文化和制度文化方面的內容，對屬於企業文化核心的精神文化特別是核心價值觀，反而有些力不從心。

　　2、報業集團企業文化建設對核心價值觀的忽略

　　如前所述，價值觀特別是核心理念，是一個企業組織的基本理念和信仰，是企業文化的靈魂。因爲核心理念（包括核心價值觀和共同願景）既爲企業界定了「成功」這一概念的具體內容，建立了組織內部的成就標準，也爲企業長遠發展設定了目標，爲員工指明了前進的方向。而「核心價值觀」作爲核心理念的精髓，既是一種理想信念和精神追求，又是組織內部的成就標準，是「一個企業所信奉的、宣導的、員工共同持有並在實踐中真正實行的價值理念。這種價值理念應當成爲一種相當持久的信念、一種滲透於日常決策中的思想方法和道德規範。以此爲出發點，形成對企業建設和發展問題的基本看法、基本主張，形成員工群體共同信奉的理性原則和是非評判標準。」

　　可以毫不誇張地說，優質企業文化中的核心價值觀，不僅是企業生存發展的精神支柱，也是其取之不盡、用之不竭的動力源泉。然而，現實中由於企業

文化屬於報業組織競爭力的軟性構成要素，其發揮作用的方式是內隱和潛移默化的，因而同那些作用外顯的硬性構成要素相比，似乎仍未能得到應有的重視。這導致報業組織企業文化建設的相對滯後，包括有意無意對核心價值觀的忽略，其主要表現在以下幾個方面：

首先，從新聞傳播業界的現實情況看，中國報業組織（含報業集團）中真正形成了屬於本組織的獨特企業文化，而且有全體員工高度認同的基本價值理念、即已經成為一種相當持久的信念、一種滲透於日常決策中的思想方法和道德規範的核心價值觀，尚不多見。故而由此延伸出的對企業建設和發展問題的基本看法、基本主張，以及形成員工群體共同信奉的理性原則和是非評判標準等一系列具有標誌性的要素，自然也就難覓蹤影。況且報業組織人才的高流動性也從一個側面說明了企業核心價值觀的缺乏。當前，中國媒體從業人員的流動性加大，一些大眾報紙人員的年流動率達到 30%。造成這種高流動性的因素固然很多，但是，報業組織企業文化建設滯後和核心價值觀的缺失，無疑是其中的一個因素。

優秀的企業文化追求「核心價值觀」的認同，其所具有的凝聚力能夠讓員工安心工作，樂於奉獻，並將本職工作與理想及事業追求結合起來，這種核心理念能夠吸引各種人才湧向組織，從而降低人員的流動性，尤其是優秀人才的流動性。

審視一些高度重視企業文化建設、且擁有核心價值理念的傳媒組織（公司），優秀人才的流動性相對較低。

例如，美國品牌大報《紐約時報》、《華盛頓郵報》等報紙的人才特別是核心員工，流動性比其他媒體就低很多，這與其強勢的組織文化，及具有高度凝聚力的員工工作氛圍脫不開幹係。

再如，中國南方報業傳媒集團企業文化建設有其獨到之處，組織內員工共同追求的某些精神層面的東西，已經成為報業組織的傳統，包括對人才尊重產生的「泉湧效應」，使其核心員工的流動性相對於其他報業集團也要低一些。

又如，組建歷史雖然並不長，卻高度重視企業文化建設的華人傳媒組織鳳凰衛視，由於具有尊重員工的創新精神、追求職業理想、宣導客觀公正的報導原則等核心價值理念，因而其凝聚力很強，不僅原有的人才隊伍相對穩定，而且不斷吸引各方優秀人才加盟，事業發展也蒸蒸日上。

與之相反，企業如果缺乏「核心價值觀」，容易一味追求短期效益，人才也

淪爲實現利潤的工具，這必然導致凝聚力、向心力的式微，人才流失也難以避免。從企業的長遠規劃和可持續發展目標看，離開文化認同的人才策略，事業的根基就不牢靠。尤其是從事精神產品生產與傳播的報業組織，如果沒有理想和信念的支撐，員工失去了專業理想和事業追求，凝聚力、向心力和創新精神從何而來？其結果也會導致人才的流失和事業的衰敗。

其次，中國報業組織（傳媒集團）在總結、探討其發展戰略和路徑時，或以發行戰略、行銷戰略、人才戰略爲重，很少涉及企業文化方面的內容；或將企業文化建設等同於「以人爲本」的人才戰略，未能自覺地把企業文化建設與其人才戰略放在同等重要的地位。

當然，中國有少數報業集團的高管明確表述了企業文化建設在打造報業核心競爭力中的獨特作用，並提出了報業集團的核心價值觀問題，即把企業文化建設上升到更高的戰略層面，同時能夠深入到其實質與核心，體現出一種自覺意識。

例如，王永亮編著的《傳媒方家——高層權威解讀傳媒》（中國傳媒大學出版社，2006 年）、《傳媒精神：高層權威解讀傳媒》（中國傳媒大學出版社，2005 年）、《傳媒榜樣》（中國傳媒大學出版社，2006 年）等三本著述中，共有 13 位報業集團的社長（董事長）分別從黨報創新、黨報聽潮、報界群雄的角度論述了各自報業的成功經驗，但其中只有南方報業傳媒集團的範以錦、天津日報報業集團的張建星、河北報業集團的趙曙光等三位，明確提出要重視和加強企業文化建設。另外，範以錦在《南方報業戰略》、張建星先生在《傳媒的運營時代——從媒體經營到經營媒體 30 講》、京華時報社社長吳海民在《媒體木桶系列》等論著裏面，也都明確表達了企業文化對於打造報業核心競爭力的重要作用。

不過從總體上看，中國報業集團的高層領導對於企業文化建設所具有的重要意義仍然認識不足，特別是在提煉與形成員工認同的核心價值觀方面，普遍缺乏自覺意識，以至有意無意地忽略了它。這顯然不利於培育和自身的核心競爭力。

3、對「以人爲本」企業文化理念的誤解誤用

企業文化是企業組織內員工廣泛認同的、內容豐富的價值觀體系，其中核心價值觀是靈魂，「以人爲本」的價值理念則是基礎。道理很簡單，企業要發展，人是最重要的因素。因此，尊重員工、發揮員工的積極性和創造性，是企業文化建設得以獲得成功的一個重要保證。

　　當前中國報業組織都承認「人才」的重要性，強調「以人爲本」，認爲報業的競爭歸根到底是「人才」的競爭，並紛紛出臺崗位競爭條例或是提供各種豐厚條件，以鼓勵激發員工的創造性，甚至不惜出高價挖牆腳來吸引優秀人才。可是，各種問題矛盾依然突出：業界普遍出臺的獎勵政策似乎並沒有給報業帶來普遍的利潤，也沒有爲中國報業的可持續發展提供可靠的人力資源支撐，絕大多數報業集團在人才儲備方面，目前尚未形成其優勢。

　　造成這種局面的原因固然很多，其中最重要的因素仍與報業組織的企業文化不無關係——將競爭上崗、優勝劣汰的政策混同於「以人爲本」的企業文化理念，這是許多報業組織的做法。

　　由於東西方文化語境的差異，西方企業文化中「以人爲本」的理念是內含於核心價值觀的，亦即「以人爲本」是企業文化建設的前提，不需明示。而在中國情況恰好相反，建設企業文化必須首先明示「以人爲本」的價值理念，這就容易導致政策的偏差，將企業文化建設的前提當作企業文化的靈魂和目標，即「以人爲本」成爲核心價值觀，將競爭上崗、優勝劣汰的用人政策等同於「以人爲本」的文化理念就是明證。當然，建立在成功的企業文化基礎之上的競爭淘汰機制，也在某種程度上反映了企業文化中的核心價值觀。

　　比如，鳳凰衛視的用人機制就建立在其「高調做事，低調做人」的「不斷放下的文化」基礎上。反之，脫離企業文化基礎的所謂競爭淘汰機制，很容易變爲一種強人哲學。所謂「重賞之下，必有勇夫」，勇夫可以幫助企業角逐短期利益。當前報業組織中普遍存在的「新聞民工」現象，報社向員工攤派報紙發行數額、廣告額等做法，大都披著「競爭上崗、優勝劣汰」等合法外衣，但是，急功近利的競爭機制實際上與「以人爲本」的根本宗旨相去甚遠。雖然這些做法也能幫助報紙實現某些短期效益，然而「勇夫」畢竟不是英雄，英雄的影響應當是深遠的。

　　報業等傳媒組織（集團）中知識份子薈萃集中，英雄的存在對追求個人價值的實現尤其重要。因此，在確立核心價值觀的前提下，爲優秀人才提供其生存和發展的自由空間，並樹立起榜樣和英雄的標杆，其意義重大。美國《華盛頓郵報》報導水門事件的鮑勃·伍德沃德和卡爾·伯恩斯坦，鳳凰衛視的盧宇光、閭丘露薇等等，都是所在媒體的英雄，都爲該媒體的品牌、文化理念帶來了深遠影響。只有在尊重人、激勵人奮發向上的基礎上，競爭淘汰機制才是真正的「以人爲本」。

正如鳳凰衛視集團董事長劉長樂（2005）所說：「每個人都有實現價值的渴望和夢想，中國的讀書人尤其有參與國家建設、爲民族興衰效力的責任感和精神訴求，這是儒家文化的影響，修身齊家治國平天下。只要你給他空間，他都有一股願意不計辛勞地爲理想奮鬥的勁兒。」正是由於深諳此道，鳳凰衛視創造了華語電視的一個個奇跡。中國的報業集團要想做強、做大、做長久，就需要培育形成自身的優質企業文化，而這顯然離不開能夠爲其員工普遍認同的核心價值觀。

「以人爲本」是企業文化建設的前提，在此基礎上，提煉與形成企業文化的核心價值觀，以增強報業集團及其麾下媒體的凝聚力、向心力，通過爲員工提供良好的環境氛圍和個人發展空間，以及組織內英雄人物的榜樣力量，不斷地激發其積極性和創造性，保持集團的競爭優勢，進而培育與提升其核心競爭力，實現可持續發展的目標。

2.8 本章總結

透過上述文獻綜述與探討，可以發現目前學術界對「組織文化認同」的研究仍存在較多不足：

1. 尙缺少對組織文化認同的定量實證研究

儘管國內外並不缺乏對員工文化認同的論述，但大多停留在理論闡述和討論的階段，缺少定量的研究工具和成果。而人類學、社會學領域的文化認同度研究量表，雖可供管理學領域作爲借鑒，但因爲概念和施測對象的差異，難以直接套用到組織中的研究。因此，目前組織文化認同度的研究可以說還在初步階段。

2. 缺少組織文化認同度和其他變數之間的相關研究

儘管相似的變數如組織認同、人與組織匹配等，已經被證實與組織公民、組織承諾、離職意向等變數相關，但對於組織文化認同度的前因及結果變數，還缺少實證研究的闡釋。

基於對前人研究結果的分析和歸納，本研究首先將以定性和定量研究結合的方法，建構「組織文化認同度」的結構模型及測量工具；繼而在此基礎上，研究組織文化認同度與變革型領導、組織承諾、離職意向等變數的關係，建構

出中國背景下的組織文化認同度及其相關變數的模型，具有一定的理論及實踐意義。

3. 缺乏針對傳媒集團的系統化、科學化研究

從前面的綜述可以看出，目前對傳媒組織文化的論述和探討，大體還停留在經驗性、思辨性階段，雖有不少業界人士論述過傳媒組織文化的重要性，但對於該如何打造優秀的傳媒組織文化卻仍處在摸索階段；雖有針對部分傳媒集團文化的經驗性總結，但實證性、科學性的研究卻幾乎付之闕如。因此，本書立足在規範的組織行為學研究基礎上，對傳媒集團的組織文化和員工行為進行深入探討，並提出有針對性的建議，對於傳媒學術界和實務界都有一定價值和意義。

第 3 章 探索性研究與組織人際和諧概念的提出

　　一般而言，探索性研究常被視為研究程式的第一步，其作用在於協助研究人員全盤瞭解情況，並發現可能的問題。探索性研究在資料收集上具有很大彈性，利用訪談的方式，可以有效且深入的瞭解到受測者的意見。

　　陳膺強（1994）亦認為在某些情況下，如發展新的研究計畫或研究題目涉及的範圍太廣泛時，為加深對研究題目的瞭解，需要進行一些探索性研究，以幫助澄清和界定研究題目，並找出有關的概念和理論，以及適當可行的研究方法和技術，以便將研究和現存的知識、理論連結起來，成為知識體系內的一部分。

　　本研究的主題較為新穎，試圖探討員工組織文化認同度的結構與測量方法；由於過去學術界對組織文化認同的研究較少，而人類學、社會學領域的文化認同研究雖可借鑒，卻仍有較多不同之處。因此，本書採用了探索性研究的方法，以深度訪談輔以開放式問卷調查，收集了原始的資料資料，並採用紮根理論及專家討論法，以更好的形成研究框架。但是探索性研究的受測對象有限，故僅能做暫時性的推論。因此，在後續的研究中將採用問卷調查方式廣泛收集資料，進行實證分析。

3.1 研究目的

　　本研究的主要貢獻之一，在於提出組織文化認同度的概念結構及測量方式。因此，本書所進行的探索性研究，即在於按照規範的定性研究方法，提取出組織文化認同度的關鍵語句和維度，並在此基礎上，編制出規範化、滿足信度及效度標準的量表，為接下來的定量研究奠定基礎。

3.2 研究過程

　　本書按照規範的質化研究方法，首先通過深度訪談、開放式問卷調查及文獻資料調研，收集描述組織文化認同度及其相關變數的原始語句，然後採用紮根理論的思想，抽取出組織文化認同度的維度。其次，請數位專家對通過質化研究得出的結果進行審核和討論，根據專家意見確定了組織文化認同度的測量維度；在此同時，又提出了「組織人際和諧」這一新概念。最後，根據專家討論的結果編制出組織文化認同度、組織人際和諧量表，並採用預調研的方式，以定量統計結果對量表進行修訂，完成了組織文化認同度、組織人際和諧正式量表的編制。

3.2.1 訪談研究

3.2.1.1 訪談對象

表3.1　訪談樣本資訊

企業	訪談人數	規模	行業	性質
A 企業	3	400 人	紡織	台資企業
B 企業	3	1000 人	服裝加工	民營企業
C 企業	3	1000 人	服裝加工	民營企業
D 企業	3	300 人	高科技	外資企業
E 企業	15	3000 人	高科技	台資企業
F 企業	3	3000 人	金融	外資企業
G 企業	5	1000 人	造紙	台資企業
H 企業	6	1000 人	食品飲料	港澳企業
I 企業	6	1000 人	製造業	民營企業
J 企業	5	500 人	高科技	民營企業
總人數	52 人			

　　根據方便取樣和目的取樣相結合的原則，從 2007 年 5 月至 2007 年 11 月，共在北京、昆山、珠海、澳門等地，選擇了十家公司進行調查，其中台資企業

三家、港澳企業一家、外資企業二家、大陸民營企業四家。主要採用深度訪談的方式，輔以開放式問卷調查，共訪談了 52 位中層以上的管理人員，其中高級管理人員 10 名，中層管理人員 42 名。樣本詳細資訊見表 3.1。

3.2.1.2 訪談提綱

　　主要的訪談提綱如下：
1. 您對企業文化的看法如何？
2. 您認為員工對企業文化的認同，對企業的重要性如何？
3. 您認為有哪些外在的行為或態度表現，可以判斷員工對企業文化高度認同？
4. 相反地，有哪些外在的行為或態度表現，可以判斷員工對企業文化並不認同？
5. 您認為員工對企業文化的認同與否，對企業有哪些影響？

3.2.1.3 訪談初步結論

　　通過訪談分析，本研究得出如下初步的觀點：
1. 所有受訪者一致認為，員工對企業文化認同是十分重要的事，但對於該如何衡量員工的文化認同，及文化認同的影響，則眾說紛紜，並不十分清楚。
2. 總體來說，員工對文化的認同程度，可以由幾個層面來判斷：首先，員工必然對自己公司的價值理念和宣傳詞十分清楚；其次，員工會表現出對組織的喜好和熱愛；最後，員工會有一些行為表現，如積極參與公司的各種活動、積極引導新同事適應公司等。
3. 受訪者認為，組織文化認同程度對員工的行為有很多方面的影響，如員工會主動加班、勤奮努力、與同事齊心協力等。特別是許多受訪者都提到，員工認同組織文化，有助於提高公司內的和諧氣氛。
　　訪談資料的詳細分析與提取的文獻資料的內容一起進行，在變數的維度歸納一節中進行闡述。

3.2.2 文獻提取

在進行深度訪談及開放式問卷調查的同時，本研究另外採用文獻提取法，從描述組織文化的相關案例及文獻中，收集描述組織文化認同和企業文化認同的相關語句。從《中外企業文化》、《企業文化》、《企業文化案例》、《現代管理科學》、《中國人力資源開發》等 10 多種期刊，及國內著名學者的著作中，摘錄出數百條與組織文化認同相關的語句。文獻提取法所得到的語句，和深度訪談及開放式問卷調查所得的語句一起，都作為紮根理論的原始資料資料。

3.3　變數維度歸納

收集好原始資料後，筆者按照紮根理論的思想，歸納出員工組織文化認同度的維度。

第一步：開放式登陸。對通過訪談、開放式問卷調查及文獻提取法所收集到語句資料進行開放式登錄。登錄標準為：（1）描述的內容必須有清楚的涵義；（2）必須是員工所表現出來的行為或態度特徵，且與組織文化認同有清晰的邏輯關係。根據以上標準，形成組織文化認同度相關的原始語句共 348 條。在開放式登錄完成後，請 3 位碩士以上學歷成員組成的課題組，對所有語句進行了初步審核，確認無誤後，即展開下一步的編碼工作。

第二步：編碼，由 3 位碩士以上學歷的成員組成課題小組，對 348 條原始語句進行編碼。編碼分為一級編碼和二級編碼兩個階段；一級編碼將原始語句整理、編排成標準化、容易理解的短語，成為一個概括性的編碼；二級編碼則將一級編碼的結果進一步歸類和整理，形成初步的概念分類框架。如果小組內出現意見不一致時，則進行充分的討論和溝通，直到形成共識為止。

第三步：編碼的歸類。這可以視為第三級的編碼，將前面二級編碼完成的短語，進行通盤的考慮、比較和歸類，在小組成員的溝通和討論下，形成最後的分類框架，也就是概念的分析維度。最後，課題小組將組織文化認同度分為三個維度：認知層面認同度、情感層面認同度以及行為層面認同度。

限於篇幅，本書選取了 30 條典型的語句作為例子，語句的編碼及歸類結果，請見表 3.2。

表3.2 組織文化認同度典型語句提取與關鍵字提煉

編號	典型語句描述	一級編碼	二級編碼	歸類
1	正確理解公司的政策	瞭解公司政策	瞭解公司文化	認知層面
2	非常瞭解本公司的文化	瞭解公司文化	瞭解公司文化	認知層面
3	對公司文化有很深的認識	瞭解公司文化	瞭解公司文化	認知層面
4	良好地理解企業精神	瞭解公司精神	瞭解公司文化	認知層面
5	準確瞭解企業文化的內涵	瞭解公司文化	瞭解公司文化	認知層面
6	對公司品牌和宣傳方針了若指掌	瞭解公司品牌	瞭解公司文化	認知層面
7	十分瞭解公司的典型人物或事蹟	瞭解典型人物	瞭解公司文化	情感層面
8	可以說出本公司文化的特點	瞭解公司文化	瞭解公司文化	情感層面
9	認同公司的政策	認同政策	認同文化及政策	情感層面
10	工作氛圍良好	認同氛圍	認同公司氛圍	情感層面
11	覺得工作有尊嚴	工作有尊嚴	認同公司氛圍	情感層面
12	覺得在公司工作是快樂的事	工作快樂	認同公司氛圍	情感層面
13	享受公司營造的整體氛圍	認同氛圍	認同公司氛圍	情感層面
14	向親戚朋友稱讚自己的公司	向親友宣傳文化	主動宣傳文化	情感層面
15	願意介紹親戚朋友到這家公司	向親友宣傳文化	主動宣傳文化	情感層面
16	爲公司感到自豪和光榮	自豪與光榮	自豪與光榮感	情感層面
17	欣賞公司的品牌形象	認同公司品牌	認同公司品牌	情感層面
18	認同公司的工作氛圍	認同氛圍	認同公司氛圍	情感層面
19	與公司有共同的目標	共同目標	共同目標與願景	情感層面
20	朝著共同目標一起努力	共同目標	共同目標與願景	情感層面
21	主動參與公司的文化建設	參與文化建設	文化建設與落實	行爲層面
22	積極協助公司文化的建設和落實	參與文化建設	文化建設與落實	行爲層面
23	踴躍參加各種文化培訓	參與文化培訓	文化培訓與宣傳	行爲層面
24	主動參與文化的宣傳工作	參與文化宣傳	文化培訓與宣傳	行爲層面
25	主動維護公司的品牌形象	維護公司品牌	維護品牌與聲譽	行爲層面
26	自覺遵守公司的規章制度	自覺遵守制度	遵守公司制度	行爲層面
27	穿著上與公司文化要求一致	穿著受文化制約	穿著言行符合文化	行爲層面
28	言談舉止不自覺地符合公司要求	言行受文化制約	穿著言行符合文化	行爲層面
29	不會做出違反公司規章的事情	自覺遵守制度	遵守公司制度	行爲層面
30	自覺遵守公司的管理制度	自覺遵守制度	遵守公司制度	行爲層面

3.4　變數維度歸納結果與組織人際和諧概念的提出

3.4.1　維度歸納結果

　　結合已有的理論成果，從表 3.2 可以看出，「組織文化認同度」這一概念可以由認知層面、情感層面及行為層面等三個維度來描述，這與過去人類學家對文化認同的研究基本吻合。其中，認知層面主要表現在：員工瞭解公司的文化及價值觀、對公司的典型人物和事蹟十分熟悉、對公司的品牌和宣傳形象相當瞭解等。情感層面主要表現在員工喜愛公司的文化價值觀、工作氛圍及公司形象等。而行為層面則主要表現在員工願意主動參與文化的建設和宣傳、主動維護公司的聲譽和品牌等。對組織文化認同度各維度的定義見表 3.3。

　　值得注意的是，在人類學領域對文化認同的研究中，有學者把文化認同分為認知的、情感的、知覺的與行為的四個維度（陳月娥，1986；劉明峰，2006），同樣借鑒了心理學對態度的劃分，但卻比本研究得出的結果多出一個維度。經過仔細檢驗，發現文化認同分類中的情感維度（對該文化群體的歸屬感）和知覺維度（對該文化的喜愛程度），都偏向情感或情緒層面的內容，因此在本研究中，將這兩者合併為「情感層面認同度」。

表3.3　組織文化認同度各維度含義

維度	含義
認知層面認同度	員工深刻瞭解組織文化的內涵、價值觀、典型人物和事蹟，以及品牌和宣傳詞等
情感層面認同度	員工喜愛組織的文化價值觀、工作氛圍和組織形象等
行為層面認同度	員工願意主動參與文化的建設和宣傳，並且主動維護公司的聲譽和品牌

3.4.2　專家討論

　　由於本研究的主題較為新穎，組織文化認同度的概念及測量維度都是本研究新提出的，為了驗證紮根理論研究結果的可信度，筆者請了人力資源管理與組織行為學界的 5 位教授專家及 5 位博士生，對歸納的變數維度以及變數的定

義進行討論和審核。

　　5 位專家和 5 位博士生一致認爲，本研究歸納的組織文化認同度測量方法可行，概念界定也較爲清晰，具有可操作性。在專家們的討論和審查後，對整理出來的條目進行了進一步的修訂和刪減，最後形成了 3 個維度、共 24 條目的初步「組織文化認同度」量表。

　　此外，在專家討論過程中，有專家提出原本的語句中有不少與「人際和諧」或「和諧氛圍」有關。由於和諧是具有中國特色的概念，與西方的組織公民行爲、組織凝聚力等概念並不相同，具有研究的價值和新穎性。因此，專家們建議對原本整理出來的，與「和諧」有關的語句進行再一次的整理和歸納，形成一個新的研究變數：組織人際和諧。

3.4.3　組織人際和諧概念的提出

　　在前面針對組織文化認同度進行的深度訪談和開放式問卷調查中，就有不少受訪者表達了對組織內部人際和諧的關注，同時透過紮根理論抽取出的語句，也有不少與組織內部的和諧、融洽有關。再結合專家的意見，本研究認爲組織人際和諧概念的提出有其必然性。

　　「和諧」一向是中國文化的主軸之一。孔子的「君子和而不同，小人同而不和」（《論語‧子路》）被認爲是和諧思想的起源。儒家的中心思想是「仁」，也就是人與人之間的關係；儒家認爲人不是獨立存在的，而是身處於與其他個人、社會、自然乃至整個宇宙的關係網絡內。孔子說「子欲立而立人，子欲達而達人」（《論語‧公冶長》），孟子說的「仁者，愛人」（《孟子‧離婁章句下》）、「仁民而愛物」（《孟子‧盡心章句上》），均體現出把人視爲整個社會、宇宙和諧整體一部分的精神。

　　2004 年 9 月 19 日，中國共產黨第十六屆中央委員會第四次全體會議上正式提出了「構建社會主義和諧社會」的概念。此後，「和諧社會」便成爲中國的主要發展方向之一。隨後，在中國，「和諧社會」便常作爲這一概念的縮略語。和諧社會這一概念的出現，主要是爲瞭解決中國在快速發展中，出現的各種矛盾、不公正或脫序的現象，如城鄉發展不均衡、社會福利保障制度不夠完善等「不和諧」的問題。儘管「和諧社會」的施政方針主要集中在區域均衡發展、就業、教育文化、醫療衛生等整體性的社會政策上，但以人爲本、誠信友愛、和諧相

處等精神仍然貫徹在其中。可見，人際和諧在今天的中國社會，也是受到高度
關注的議題之一。

然而，雖然和諧早在先秦時代就已經是儒家哲學思想的核心，如今又成爲
中國的施政重點，但關於人際和諧（Interpersonal Harmony）這一具有中國特色
的概念，學術界主要還停留在理論探討和概念陳述的階段，定量的研究分析相
對較少。

翟雙萍（2005）認爲人際和諧是一種合理的人際觀念，在重視個體價值的
同時，還能夠體現人與人之間相濟相合的精神。楊中芳（1992）分析華人的價
值體系時也指出，相較於西方社會，華人社會無論在文化、社會或個人層次上，
均以追求和諧、和合、秩序、穩定、均衡爲中心思想或基本價值。李亦園（1992）
也指出中國文化最基本的運作法則就是追求和諧與均衡，也就是「致中和」。成
中英（1986）則總結認爲中國古代無論儒家或道家的思想，持有的都是一種「和
諧化辯證觀」（Dialectics of Harmonization），社會和個人都會不自覺地朝向和諧
發展。

黃曬莉（2005）曾檢索心理學的重要資料庫 PsycINFO（由美國心理學會出
版），發現近年來，每年平均有 2000 至 2500 篇關於「衝突」（Conflict）的論文
發表，但關於「和諧」（Harmony）的研究論文，每年還不到 100 篇（約 67-98
篇），可見西方心理學更關注衝突的研究，較少關注和諧。在少數關於和諧的西
方研究中，Braithwaite（1997）研究澳大利亞的 197 名大學生，發現「追求和諧」
是貫穿於個人、人際間以及社會團體間的重要價值。Jason、Reichler 與 King 等
人（2001）研究一般人所認定的「智慧」（Wisdom）時，發現「和諧」是構成智
慧的五個重要因子之一。同樣屬於東方文明古國的印度，也有學者（Misra,
Suvasini& Srivastava，2000）指出，與外在環境維持和諧的關係，是印度等東方
文明傳統的、深層的「智慧觀」。

在中國本土的實證研究方面，臺灣大學的黃曬莉（1999）採用定性與定量
結合的研究方法，將人際和諧區分爲六種類型，分別是投契式、親和式、合模
式、區隔式、疏離式和隱抑式，這六種類型的人際和諧又可歸爲兩大類，即實
性和諧（外表及內在均和諧）和虛性和諧（貌合神離）。這六種和諧類型及相應
的行爲模式見表 3.4。

此外，這六種類型的人際和諧之間還能夠互相轉化。原本是虛性和諧的關
係，如果彼此間減少疏離感和硬性的規則，增加情意和義氣，就有可能轉化成

實性和諧。黃囉莉（1999）並且將定性研究的資料提取、編製成自陳式的心理量表，以約 500 人的樣本中進行施測，初步驗證了這六種人際和諧的存在和轉化機制。然而，自陳式量表畢竟在信度和效度上存在一定的問題，且六種人際和諧的分類屬於對所有人際關係的概括歸類，並非針對組織內部人際和諧所設計。

表 3.4　六種人際和諧特徵

	實性和諧			虛性和諧		
類型	投契式 和諧	親和式 和諧	合模式 和諧	區隔式 和諧	疏離式 和諧	隱抑式 和諧
人際導向	本真取向	情意取向	順適取向	領域取向	形式取向	抑制取向
相處方式	尊重分享	主動付出	遵循配合	關係簡化	敬而遠之	互不相容
	關心支持	情感表露	責任優先	謹守分際	貌合神離	虛與委蛇
情緒感受	自由自在	深情依靠	理性和順	平淡無關	疏遠淡漠	失望不滿
	輕鬆自然	溫暖幸福	安定踏實	小心謹慎	客套敬畏	壓抑憤怒
共同性	信任、支持、主動、接納			防衛、拒斥、被動、隔離		

資料來源：黃囉莉（1999）

綜上所述，儘管關於人際和諧，近年來已經有了一些研究，但定量的實證研究較少，也沒有專門針對組織內部所進行的人際和諧研究。因此，本研究決定在前面深度訪談和開放式問卷調查的基礎上，輔以文獻提取和專家討論的方法，自行設計出「組織人際和諧」的測量量表。

作爲具有特殊性質和意義的事業單位，「和諧」對於新聞事業而言特別具有重要的意義。毫無疑問，新聞報導以其提供資訊、教化大眾、進行輿論監督等功能，對於維持社會的和諧、穩定具有重大作用。而另一方面，內部的和諧管理對於維繫、發揮新聞事業的社會功能無疑也是極爲重要的。

目前中國大陸關於新聞媒體「和諧」相關議題的研究並不罕見，但多半是從對外的「和諧報導」或「和諧傳播」角度來談。如陳銘（2007）探討法制新聞報導隊構建社會主義和諧社會的作用，白潤生和年永剛（2007）則分析了民族新聞傳播與構建和諧社會之間的關係，郭秦（2006）提出以和諧社會報導作爲黨報新聞價值發展的取向，陳亞洲（2007）也探討黨報社會新聞采寫當中

和諧理念的運用等。祁海玲（2006）更直接探討新聞媒體與社會和諧之間的關係，提出新聞宣傳在構建社會主義和諧社會中具有不可替代的重要作用。

相對而言，探討新聞事業單位內部和諧的文獻則較少，且多半從思想政治工作的觀點切入，如黃勇（2010）提出以和諧歷年來指導報業的思想政治工作，羅娜和易巍（2006）則論述了子報子刊對於報業集團和諧發展的作用等。但整體來說，對於報業集團內部和諧的研究，還停留在論述、政令解讀等初步探索階段，對於什麼是內部和諧、該如何塑造和諧的氣氛、內部和諧對報業管理的影響等，缺乏切實的認識。

因此，本研究採用規範的定量研究法，以經過驗證的、具有信度和效度的組織人際和諧量表為工具，實際分析報業集團內部的和諧氛圍及其影響，具有較大的理論和實踐價值。

3.4.4 組織人際和諧維度歸納

組織人際和諧的概念構建與維度歸納上，本研究同樣按照紮根理論的思想進行。

第一步：開放式登錄。將前面訪談及開放式問卷調查中，獲得的有關「和諧」或「人際關係」的語句加以匯總，並參考各類期刊及專業書籍上有關「和諧」的相關陳述等，共提取了 86 條與人際和諧有關的原始語句，進入下一步的編碼工作。

第二步：編碼及歸類。同樣由 3 位碩士以上學歷成員組成的課題小組，對 86 條原始語句進行編碼，形成初步的概念分類框架。接著在小組成員的溝通和討論下，形成最後的分析維度。課題小組最後將組織人際和諧分為三個維度：同事和諧、上下級和諧、整體和諧。

限於篇幅，本書選取 10 條典型的語句作為例子，語句的編碼及歸類結果見表 3.5。

第三步：專家討論。形成初步的概念框架與維度後，又經過5位人力資源與組織行為學界的教授專家，和5位相關專業博士生的審核和討論。專家們一致認為組織人際和諧的概念清晰、維度界定也較為準確，具有可操作性。經過專家們的討論、刪減和修訂，最後形成了3個維度、共13條目的初步「組織人際和諧」量表。同時在定性研究的基礎上，參考黃曬莉（1999，

2005）、鍾昆原（2002）、翟雙萍（2005）等人的研究，將「組織人際和諧」
定義為：

存在於組織內部的一種融洽、互相尊重並且相互支持的人際關係及氛圍。

表3.5　組織人際和諧典型語句提取與關鍵字提煉

編號	典型語句描述	編碼	歸類
1	我和同事間的相處十分融洽	同事間融洽	同事和諧
2	我經常與同事討論如何圓滿完成任務	同事間相互支持	同事和諧
3	我樂於融入同事團體	同事間融洽	同事和諧
4	主動幫助工作上遇到困難的同事	同事間相互支持	同事和諧
5	上下級之間的溝通非常順暢	上下級溝通良好	上下級和諧
6	上級能夠耐心傾聽我的意見	上下級溝通良好	上下級和諧
7	我喜歡我的上級	上下級關係融洽	上下級和諧
8	員工之間的信任感和溝通充分	員工整體融洽	整體和諧
9	員工之間的相處沒有壓力	員工整體融洽	整體和諧
10	員工之間總是互相信任和支持	員工相互支持	整體和諧

　　第三步：專家討論。形成初步的概念框架與維度後，又經過5位人力資源與組織行為學界的教授專家，和5位相關專業博士生的審核和討論。專家們一致認為組織人際和諧的概念清晰、維度界定也較為準確，具有可操作性。經過專家們的討論、刪減和修訂，最後形成了3個維度、共13條目的初步「組織人際和諧」量表。同時在定性研究的基礎上，參考黃囇莉（1999，2005）、翟雙萍（2005）等人的研究，將「組織人際和諧」定義為：存在於組織內部的一種融洽、互相尊重並且相互支持的人際關係及氛圍。

　　組織人際和諧個維度及其定義，見表3.6。

表3.6　組織人際和諧及其各維度含義

維度	含義
組織人際和諧	存在於組織內部的一種融洽、互相尊重並且相互支持的人際關係及氛圍
同事和諧	同一部門的同事間，存在的融洽、互相尊重和相互支持的關係
上下級和諧	直屬上下級之間互相尊重、互相信任和支持的關係
整體和諧	無論是否處於同一部門，員工之間具有的融洽、關心和尊重的關係

3.5 預測試

由於本研究的「組織文化認同度」量表及「組織人際和諧」量表都是通過紮根理論的方法新編制的，因此為了進一步精簡量表，提高量表的信度和效度，在大規模調查前，本研究進行了預測試。

3.5.1 問卷編制

理想的問句設計應使調查人員能夠獲得所需的資訊，同時被調查者又能輕鬆、方便地回答問題。

本研究的問卷編制，主要採用紮根理論形成的關於「組織文化認同度」和「組織人際和諧」的概念維度，選取具有代表性的關鍵語句，進行測量條目的編制，力求條目通俗易懂、含義清晰而又準確。

在量表設計過程中，筆者徵詢了 5 名人力資源與組織行為學領域的教授、5 名博士生和 3 位企業界人士的意見，對量表條目進行了審核和篩選，經歷 1 個月的討論和修訂，最後形成了預測試的量表。其中組織文化認同度測量條目共有 24 條，組織人際和諧測量條目共 13 條。預測試的量表條目見表 3.7 和表 3.8。

表 3.7　組織文化認同度預測試量表

維度	測量條目
認知層面	我清楚地瞭解我們公司文化的內涵
	我可以說出本公司文化的優點和特色
	我對公司宣傳的各種典型人物或事蹟很熟悉
	我認為自己與公司是命運共同體
	我覺得自己與公司有共同的目標，共同成長
	我把老闆視為自己的典範
	我認為公司提倡的價值觀，正好也是我的做事準則
	我認為維護自己公司的文化是非常重要的
情感層面	我把公司當作自己的家
	當別人批評我們公司時，我會感到氣憤
	我非常欣賞我們公司的文化價值觀
	我很喜歡本公司的工作氛圍
	我很讚賞我們公司的品牌和形象
	我為我們公司的文化感到自豪和光榮
	我願意為我們公司的文化建設奉獻心力
	我覺得在本公司工作是件快樂的事
行為層面	我對外主動宣揚自己公司的品牌及形象
	我活躍地為公司的各種文化活動出謀劃策
	我積極地參與公司的文化活動
	我總是按照公司文化的要求調整自己的行為
	我自覺遵守公司的一切制度和規範
	我主動引導其他員工適應公司的文化
	我的穿著與言談舉止，都努力與公司文化的要求相一致
	我會主動地維護公司的品牌和形象

表 3.8　組織人際和諧預測試量表

維度	測量條目
同事和諧	本公司同事之間的相處十分融洽
	同事之間總能在工作上互相支持、共同完成目標
	在發生衝突時，同事之間能夠互相體諒
	同事之間能夠分享工作所需的資訊或資源
	同事間是互相信任、互相接納的
上下級和諧	上下級之間的溝通非常順暢
	上下級之間總可以耐心地傾聽對方的意見
	上下級之間是互相尊重、互相關愛的
	當上下級意見不一致時，雙方能互相體諒
整體和諧	無論是否在同一部門，員工之間的相處都很和睦、友善
	無論是否在同一部門，員工之間都有溫馨、親近的感覺
	無論是否在同一部門，員工之間發生聯繫時，感覺都很自然，沒有壓力
	無論是否在同一部門，組織內員工遇到困難時，其他人會主動幫忙

3.5.2 預測試樣本

　　根據方便取樣的原則，在筆者所在學校的 MBA 及 EMBA 課堂上，共發放 120 份預測試問卷，回收 117 份，其中有效問卷 117 份，量表有效回收率為 97.5%。調查樣本中，男性占 70.9%，本科以上學歷占 99%，在單位工作 5 年以上的占 50%，擔任基層以上管理人員的占 73.2%（樣本具體資訊見表 3.9）。

表3.9　預測試樣本基本資訊

		頻數	百分比	有效百分比
性別	男	83	70.9	70.9
	女	34	29.1	29.1
文化程度	高中/中專/職專	0	0	2.07
	人專	1	0.9	0.9
	本科	71	60.7	60.7
	研究生及以上	45	38.5	38.5
職務	高層管理人員	7	6	6
	中層管理人員	31	26.5	26.7
	基層管理人員	47	40.2	40.5
	其他人員	30	25.6	25.9
在本單位工作時間	1－4年	58	49.6	50
	5－9年	50	42.7	43.1
	10－15年	7	6	6
	15年以上	1	0.9	0.9
企業性質	國有企業	57	48.7	49.6
	民營企業	26	22.2	22.6
	港澳臺或外資企業	32	27.4	27.8
規模	100人以下	16	13.7	14
	100－200人	25	21.4	21.9
	200－500人	12	10.3	10.5
	500－1000人	23	19.7	20.2
	1000－10000人	37	31.6	32.5
	10000以上	1	0.9	0.9
平均年齡	30.1			

3.5.3 信度分析

在通過紮根理論完成量表設計後，還需要通過考察各變數測量條目的相關性，並進行一致性係數 α 值的核對總和探索性因子分析，來進一步驗證量表的結構，刪除那些低負荷、對 α 係數消極作用或者低指標相關性的測量條目，使量表更加完善、具備更好的操作性。

對 117 份預測試問卷的處理方法包括：利用內部一致性係數 α 值（The Cronbach alpha）檢驗測量條目的信度（Reliability）；以及通過探索性因子分析（EFA）檢驗變數的維度結構，刪除負載過低、表現較差的條目。

內部一致性係數（The Cronbach alpha）是目前計算量表信度最常用的工具，它測量的是同一維度各條目之間得分的一致性，如果條目之間得分的一致性過低，顯示這份量表的測量信度不高。一般而言，α 值在 0.70 以上就被認為具有較好的信度。

在信度分析後，接著可以對每一維度進行探索性因子分析（EFA）或驗證性因子分析（CFA），以評價條目的單維度性。如果出現條目負載過低或者交叉負載的情況，可以考慮刪除條目；但如果研究者出於理論的原因而認為值得保留的話，也可以保留下來，在大規模的樣本研究中再進行處理和驗證。

對預測試收回的 117 份問捲進行內部一致性係數（The Cronbach alpha）檢驗後，結果顯示組織文化認同度的 3 個維度及組織人際和諧的 3 個維度，α 值全都大於 0.7，量表的信度較好。組織文化認同度、組織人際和諧的信度分析分別見表 3.10 和表 3.11。

表3.10　組織文化認同度信度分析（N=117）

維度	測量條目	內部一致性係數	刪除條目後內部一致性係數變化
認知層面		0.80	
	CI1		0.77
	CI2		0.77
	CI3		0.78
	CI4		0.78
	CI5		0.76
	CI6		0.77

	CI7		0.78
	CI8		0.81
情感層面		0.82	
	CI9		0.81
	CI10		0.83
	CI11		0.78
	CI12		0.80
	CI13		0.79
	CI14		0.78
	CI15		0.82
	CI16		0.79
行為層面		0.82	
	CI17		0.78
	CI18		0.79
	CI19		0.78
	CI20		0.80
	CI21		0.81
	CI22		0.82
	CI23		0.81
	CI24		0.79

表 3.11　組織人際和諧信度分析（N=117）

維度	測量項目	內部一致性係數	刪除條目後內部一致性係數變化
同事和諧		0.90	
	IH1		0.88
	IH2		0.87
	IH3		0.88
	IH4		0.80
	IH5		0.88
上下級和諧		0.90	
	IH6		0.87
	IH7		0.86

IH8		0.85	
IH9		0.88	
整體和諧	0.85		
IH10		0.80	
IH11		0.81	
IH12		0.80	
IH13		0.83	

3.5.4 探索性因子分析

3.5.4.1 組織文化認同度探索性因子分析

利用 SPSS14.0 軟體中的探索性因子分析功能進行分析。發現 KMO 指標爲 0.82，Bartlett 球體檢驗達到顯著水準，適合進行探索性因子分析（見表 3.12）。

採用主成份分析，經 Promax 旋轉後，得到 4 個因子，對總體方差的解釋率 爲 54.73%，其中以第一個因子對方差的解釋率最高，爲 31.88%。（見表 3.13）。

表3.12 組織文化認同度 KMO and Bartlett's 檢驗

Kaiser-Meyer-Olkin Measure of Sampling Adequacy		.82
Bartlett's Test of Sphericity	Chi-Square	1294.87
	df	276
	Sig.	.000

表3.13 組織文化認同度探索性因子分析：因子負荷值（N=117）

測量條目	因子 1	因子 2	因子 3	因子 4
CI11	0.82			
CI14	0.74			
CI7	0.70			
CI12	0.68			
CI13	0.66			

CI8	0.57	0.43		
CI10	0.46			
CI16	0.45			
CI19		0.82		
CI18		0.79		
CI17		0.75		
CI15		0.71		
CI24		0.67		
CI20		0.52		0.47
CI2			0.81	
CI1			0.81	
CI3			0.77	
CI6	0.54		0.56	0.47
CI5				0.78
CI4				0.70
CI9				0.67
CI23				0.66
CI21				0.57
CI22	0.49			0.50
特徵根	7.65	2.52	1.53	1.43
方差貢獻率（%）	31.88	10.51	6.361	5.98
累計貢獻率（%）	54.73			

　　由於因子分析的結果與原先設計的 3 個構面存在差異。需要進一步分析。。仔細分析發現：（1）測量條目 CI6、CI8、CI20、CI22 的維度單一性不好，均在兩個以上的因子出現 0.4 以上的負荷，故予以刪除。（2）測量專案 CI10、CI16 的負荷過低，在各因子負荷均未超過 0.5，故予以刪除。

　　在刪除上述條目後，重新檢視因子結構，發現因子 3 基本等同於原先歸納的「認知層面」維度；因子 1 等同於原先的「情感層面」維度，但條目有所調整，原先屬於第一維度的條目 7：「我認為公司提倡的價值觀，正好也是我的做事準則」歸屬到因子 1，經專家討論，認為此條目確實可以歸屬與情感維度，故

予以保留；因子 2 則等同於「行爲層面維度」，但原先屬於情感層面的條目 15：「我願意爲我們公司的文化建設奉獻心力」歸屬到了因子 2，經專家討論，認爲此條目確實有行爲的成分，因此予以保留。

然而條目 CI4、CI5、CI9、CI21、CI23 卻出現在一個全新的因子 4 上。經過專家審視，發現這一因子包含的條目，「我認爲自己與公司是命運共同體」、「我覺得自己與公司有共同的目標，共同成長」、「我把公司當作自己的家」、「我自覺遵守公司的一切制度和規範」及「我的穿著與言談舉止，都努力與公司文化的要求相一致」，均與員工把公司價值觀及規範內化到自身有關，這與前面的認知、情感、行爲維度均不完全一致。

專家們認爲，由於中國的文化較傾向集體主義，員工容易把自己視爲整個組織的一部分，和組織共存共榮、共同成長，因此這個新出現的第 4 維度，可以說體現了一部分的中國特色，即員工不但會把組織所提倡的價值觀和規範內化到自己的心靈，並且會由此而產生與組織休戚與共、命運相連的感覺。因此專家們建議把這個新的維度命名爲：社會化層面。

文化認同度的社會化層面定義爲：

員工把組織的價值觀、制度和規範等，內化到自身的程度。

文化認同度的整體定義及各維度的定義整理如表 3.14。

接下來，在刪除表現不佳的條目後，重新對組織文化認同度的各構面進行內部一致性係數（The Cronbach alpha）檢定，結果見表 3.15。

表 3.14　組織文化認同度及其各維度定義

維度	含義
組織文化認同度	員工接受組織文化所認可的態度與行爲，並且不斷將組織的價值體系與行爲規範內化至心靈的程度
認知層面認同度	員工深刻瞭解組織文化的內涵、價值觀、典型人物和事蹟，以及品牌和宣傳詞等
情感層面認同度	員工喜愛組織的文化價值觀、工作氛圍和組織形象等
行爲層面認同度	員工願意主動參與文化的建設和宣傳，並且主動維護公司的聲譽和品牌
社會化層面認同度	員工把組織的價值觀、制度和規範等，內化到自身的程度

表3.15　修訂後的組織文化認同度信度分析（N=117）

維度	測量條目	內部一致性係數	刪除條目後內部一致性係數變化
認知層面		0.79	
	CI1		0.65
	CI2		0.71
	CI3		0.78
情感層面		0.83	
	CI7		0.81
	CI11		0.74
	CI12		0.81
	CI13		0.81
	CI14		0.78
行為層面		0.84	
	CI15		0.79
	CI17		0.80
	CI18		0.79
	CI19		0.83
	CI24		0.82

續表3.15　修訂後的組織文化認同度信度分析（N=117）

維度	測量條目	內部一致性係數	刪除條目後內部一致性係數變化
社會化層面		0.73	
	CI4		0.65
	CI5		0.62
	CI9		0.68
	CI21		0.74
	CI23		0.72

　　由內部一致性係數檢驗得知，調整後的量表各維度信度良好，各維度 α 值全都在 0.7 以上。

　　接著，對調整後的量表各條目重新進行探索性因子分析。結果見表 3.16 及表 3.17。

表3.16　組織文化認同度（修正）　KMO and Bartlett's　檢驗

Kaiser-Meyer-Olkin Measure of Sampling Adequacy		.81
Bartlett's Test of Sphericity	Chi-Square	940.19
	df	15
	Sig.	.000

表3.17　組織文化認同度（修正）探索性因子分析：因子負荷值（N=117）

測量條目	行為層面	情感層面	社會化層面	認知層面
CI15	0.84			
CI17	0.83			
CI18	0.71			
CI19	0.66			
CI24	0.62			
CI7		0.87		
CI11		0.74		
CI12		0.74		
CI13		0.67		
CI14		0.53		

續表3.17　組織文化認同度（修正）探索性因子分析：因子負荷值（N=117）

測量條目	行為層面	情感層面	社會化層面	認知層面
CI4			0.78	
CI5			0.75	
CI9			0.62	
CI21			0.58	
CI23			0.54	
CI1				0.86
CI2				0.84
CI3				0.77
特徵根	6.10	2.29	1.49	1.25

方差貢獻率（%）	33.91	12.71	8.25	6.96
累計貢獻率（%）	61.83			

　　由上表可知，在刪除表現不佳的條目後，因子分析的表現得到改善，所有條目在相應因子上的負荷均大於 0.5，而在其他因子上的負荷小於 0.3。同時對方差的總體解釋率達到 61.83%，比原先有所提高。其中以第一個因子「行為層面」對總體方差解釋率最高，達 33.91%。

　　不過，由於在刪減條目後，原先「認知層面」維度的條目不足 5 條，因此在專家建議下，參考原先收集的原始語句，及其它相關文獻，增加了兩個條目，分別是「我很熟悉本公司的品牌形象和宣傳詞」及「我清楚地瞭解本公司所提倡的價值觀」。修改後的量表見表 3.18。

表 3.18　組織文化認同度量表（修訂）

維度	測量條目
認知層面	我清楚地瞭解我們公司文化的內涵
	我可以說出本公司文化的優點和特色
	我對公司宣傳的各種典型人物或事蹟很熟悉
	我很熟悉本公司的品牌形象和宣傳詞
	我清楚地瞭解本公司所提倡的價值觀
情感層面	我非常欣賞我們公司的文化價值觀
	我認為公司提倡的價值觀，正好也是我的做事準則
	我很喜歡本公司的工作氛圍
	我很讚賞我們公司的品牌和形象
	我為我們公司的文化感到自豪和光榮
行為層面	我願意為我們公司的文化建設奉獻心力
	我對外主動宣揚自己公司的品牌及形象
	我活躍地為公司的各種文化活動出謀劃策
	我積極地參與公司的文化活動
	我會主動地維護公司的品牌和形象
社會化層面	我認為自己與公司是命運共同體
	我覺得自己與公司有共同的目標，共同成長
	我把公司當作自己的家
	我自覺遵守公司的一切制度和規範
	我的穿著與言談舉止，都努力與公司文化的要求相一致

3.5.4.2 組織人際和諧探索性因子分析

　　利用 SPSS14.0 軟體中的探索性因子分析功能，對預測試的組織人際和諧量表進行分析。發現 KMO 指標為 0.88，Bartlett 球體檢驗達到顯著水準，適合進行探索性因子分析（見表 3.19）。

　　採用主成份分析，經 Promax 旋轉後得到 3 個因子，3 個因子的累計方差貢獻率達到 73.21%，其中，第一個因子同事和諧對總方差的解釋率最高，為 53.64%，見表 3.17。所有條目表現均良好，在相應因子上的負荷均大於 0.7，在其他因子上均沒有超過 0.3 的負荷；因子結構與前面探索性研究得出的結構一致。組織人際和諧的因子結構及因子負荷，見表 3.20。

表3.19　組織人際和諧　KMO and Bartlett's　檢驗

Kaiser-Meyer-Olkin Measure of Sampling Adequacy.		.880
Bartlett's Test of Sphericity	Chi-Square	1033.362
	df	78
	Sig.	.000

表3.20　組織人際和諧探索性因子分析：因子負荷值（N=117）

測量條目編號	同事和諧	上下級和諧	整體和諧
IH1	0.86		
IH2	0.84		
IH3	0.77		
IH4	0.86		
IH5	0.84		
IH6		0.87	
IH7		0.94	
IH8		0.84	
IH9		0.79	
IH10			0.93
IH11			0.82
IH12			0.77
IH13			0.70
特徵根	6.97	1.42	1.13
方差貢獻率（%）	53.64	10.88	8.68
累計貢獻率（%）	73.21		

3.5.5 變數獨立性檢驗

通過前面的信度分析及探索性因子分析，本研究自行編制的「組織文化認同度量表」及「組織人際和諧量表」的結構和內容已經得到初步驗證。

然而，由於組織文化認同度及組織人際和諧兩個變數，與組織行為學中既存的一些變數，存在概念上的相似處。為了避免出現變數和測量條目與現有量表重疊的現象，必須進行變數的獨立性檢驗。

具體做法是把本研究所提出的變數測量條目，和其他相似變數的量表條目放置在同一份問卷中，不加任何說明或區隔，讓受測者直接作答。將收回的問卷中相關變數的條目進行驗證性因子分析（CFA），觀察各變數的維度是否能夠獨立。

3.5.5.1 組織文化認同度獨立性檢驗

經過專家討論，認為組織文化認同度這一概念，與「組織認同度」及「情感承諾」等概念較為接近，為了避免與既有的概念混淆，建議將組織文化認同度的測量條目與相近概念的條目放在一起，進行驗證性因子分析，以檢驗區分效度（Differential Validity），確定其是否為獨立的變數。

組織認同的定義是「對與組織一致或從屬於組織的感知」，本研究選用的量表是Mael和Ashforth(1992)的組織認同度量表的中文版。該量表包含6個條目，內部一致性係數為0.81，是目前最常使用的組織認同量表之一。

情感承諾是組織承諾的一部分，代表個人認同與投入一個特定組織的強度（Porter et al.，1974）或組織成員對於組織目標與價值的一種偏好的情感附著（Buchanan，1974），在定義上與組織文化認同度有相似之處。本研究選用的是Meyer和Allen（1984）設計的情感承諾量表（ACS），共6個條目。

在檢驗區分效度的具體做法上，由於組織認同和情感承諾均為一維度的變數，為了避免潛變數只有一個條目而導致的模型無法識別的問題，因此參照Wang等（2005）及陳永霞等（2006）的做法，把組織認同的6個條目隨機分為3個部分，情感承諾的6個條目也隨機分為3部分，並把每個部分視為一個因子。接下來把組織文化認同度、組織認同及情感承諾等3個變數的各因子作為顯示條目（indicators），進行驗證性因子分析，結果如表3.21所示。

表3.21 組織文化認同度、組織認同及情感承諾驗證性因子分析結果（N=117）

	所含因子	χ^2	df	χ^2/df	GFI	RMSEA	CFI	NFI	NNFI
標準				<5	>.90	<.08	>.90	>.90	>.90
模型 1	3 因子:CI、OI、AC	45.76	32	1.43	0.86	0.09	0.93	0.83	0.90
模型 2	2 因子:CI+AC、OI	57.48	34	1.69	0.83	0.11	0.90	0.80	0.87
模型 3	2 因子:CI+OI、AC	96.66	34	2.84	0.75	0.18	0.81	0.72	0.74
模型 4	1 因子:CI+OI+AC	98.46	35	2.81	0.74	0.18	0.79	0.71	0.74

注：CI=組織文化認同度；OI=組織認同；AC=情感承諾。
模型中的「+」表示將該兩個變數合併爲一個因子

　　由表3.21可以看出，模型1的擬合優度要顯著好於另外三個模型，因此組織文化認同度、組織認同和情感承諾是三個獨立的變數，具有良好的區分效度。

3.5.5.2 組織人際和諧獨立性檢驗

　　在組織人際和諧的獨立性檢驗部分，專家討論後，認爲組織人際和諧與「知覺上級支持」及「團隊凝聚力」等變數較爲相似。

　　知覺上級支持（Perceived Supervisory Support）是指員工所感受到的，上級重視他們的努力付出和價值，並且關心他們的福祉（Kottke& Sahrainski，1988）。從定義來看，知覺上級支持與組織人際和諧中的「上下級和諧」較爲相似。本研究選擇了Kottke和Sahrainski（1988）所編制的PSS知覺上級支持量表，共8個條目，該量表的內部一致性係數達0.98。

　　凝聚力（Cohesion）一詞源於拉丁文「Cohaesus」，表示結合或黏在一起的意思。而團隊凝聚力（Group Cohesiveness）則意味著團隊內成員爲了共同達成組織目標與任務，而緊密結合在一起的動態過程（Carron，1982），或是團隊對個人的吸引力、榮譽感和承諾（Mullen& Copper，1994）。從定義上看，團隊凝聚力與組織人際和諧中的同事和諧、總體和諧等存在相似之處。本研究選擇了Knoll（2000）的團隊凝聚力量表，共10個條目，內部一致性係數爲0.9。

　　在檢驗區分效度的具體做法上，由於知覺上級支持和團隊凝聚力均爲一維度的變數，因此同樣把知覺上級支持的8個條目隨機分爲3個部分，團隊凝聚力的10個條目也隨機分爲3部分，並把每個部分視爲一個因子。

　　接下來把組織人際和諧、知覺上級支持和團隊凝聚力等3個變數的各因子作

為顯示條目（indicators），進行驗證性因子分析，結果如表3.22所示。

表3.22　組織人際和諧、知覺上級支持及團隊凝聚力驗證性因子分析結果（N=117）

	所含因子	χ^2	df	χ^2/df	GFI	RMSEA	CFI	NFI	NNFI
標準				<5	>.90	<.08	>.90	>.90	≥.90
模型 1	3 因子:IH、PS、GC	49.77	24	2.07	0.84	0.14	0.95	0.91	0.93
模型 2	2 因子:IH+GC、PS	136.08	26	5.23	0.65	0.27	0.82	0.78	0.74
模型 3	2 因子:IH+PS、GC	107.94	26	4.15	0.71	0.24	0.87	0.83	0.81
模型 4	1 因子:IH+PS+GC	102.07	27	3.78	0.72	0.22	0.88	0.84	0.84

注：IH=組織人際和諧；PS=知覺上級支持；GC=團隊凝聚力。
模型中的「＋」表示將該兩個變數合併為一個因子

從表3.22可以看出，模型1的擬合優度要顯著優於另外三個模型，因此，組織人際和諧、知覺上級支持、團隊凝聚力是三個獨立的變數，組織人際和諧具有良好的區分效度。

3.6　本章小結

本章以紮根理論的方法，對組織文化認同度、組織人際和諧進行了系統性的探索，完成了初步的概念建構和量表設計工作，並通過預測試初步檢驗了量表的信、效度，對量表進行了修訂。在完成探索性研究後，接下來將以大樣本的實證資料來進一步檢驗組織文化認同度、組織人際和諧的概念和作用機制。

第 4 章　組織文化認同度、組織人際和諧結構驗證

4.1　研究目的

在前面的章節中，在深度訪談和文獻提取的基礎上，通過紮根理論的方法，本研究編制出了「組織文化認同度」及「組織人際和諧」的初步量表，並採用探索性因子分析方法初步對量表進行了維度驗證。

在這個基礎上，本研究繼續通過大樣本資料的收集，以驗證型因子分析（CFA）方法，進一步檢驗組織文化認同度及組織人際和諧的結構，爲下一步的實證研究分析奠定基礎。

4.2　組織文化認同度概念結構

在心理學上，一般認爲態度是由認知、情感、行爲三個層面組成的（孟昭蘭，1994），而這三個層面一般具有順序性，即普通人對某事物的態度，一般是由對事物的認知（Cognition）開始，認知影響到情感（Affection），繼而出現相應的行爲（Behavior）。

在人類學對文化認同度的研究中，也有不少學者（陳月娥，1986；李丁贊、陳兆勇，1998；劉明峰，2006）將認同度依照認知、情感、行爲的脈絡來加以分類。例如劉明峰（2006）就把消費文化認同度分爲認知的、情感的、知覺的與行爲的四個構面。

本研究採用紮根理論的思想，從深度訪談和文獻調研所得的原始語句中，抽取出組織文化認同度的概念維度。結果發現，組織文化認同度基本上也包含著認知、情感和行爲三個層面；許多訪談對象都認爲，員工對企業文化的認同度，必然從對文化的正確認知開始，例如：

如果員工不瞭解我們的文化，又怎麼談得上認同文化呢？

一旦員工瞭解文化，並且喜歡我們的文化，他自然就會從行動上支持我們的文化。

除了認知、情感、行為這三個層面外，在預測試的過程中，我們又發現了一個新的因子，其中包含的條目如「我認為自己與公司是命運共同體」、「我自覺遵守公司的一切制度和規範」，據專家討論結果，認為這個因子屬於「社會化」層面，即員工把組織所宣導的價值觀、理念和行為規範等，內化到自身的程度。這也符合本研究對組織文化認同度的定義：員工接受組織文化所認可的態度與行為，並且不斷將該文化之價值體系與行為規範內化至心靈的程度。

綜上所述，本研究認為組織文化認同度可以通過認知層面、情感層面、行為層面及社會化層面這 4 個維度來解釋。且這 4 個維度彼此間存在順序關係，一般而言，員工應是先瞭解組織的文化（認知層面），然後對文化產生情感上的投入（情感層面），產生相應的支持組織文化的行動（行為層面），最後把組織的文化內化成自身的一部分（社會化層面）。四個維度的關係見圖 4.1。

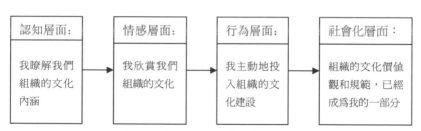

圖 4.1　組織文化認同度各維度關係

4.3　組織人際和諧結構

人際和諧一向是中國傳統文化所追求的精神（李亦園，1992），然而關於人際和諧的詳細概念結構及測量方式，目前的研究並不多，臺灣的黃囇莉（1999）曾將人際和諧區分為投契式、親和式、合模式、區隔式、疏離式和隱抑式，這六種類型的人際和諧又可歸為兩大類，即實性和諧（外表及內在均和諧）和虛性和諧（貌合神離），每種類型包含了特定的行為模式和態度特徵。然而，這種分類方式在組織內部的人際和諧測量上，存在一定的難度。

　　本研究通過紮根理論的方法，分析了深度訪談和文獻檢索得到的語句資料，發現組織內部的人際和諧，可以依照對象的不同分爲三類，一是同部門的同事之間的和諧（同事和諧），二是直屬上下級之間的和諧（上下級和諧），三是無論是否在同一部門，員工之間存在的和諧氛圍（整體和諧）。通過，探索性因子分析，發現這 3 維度的概念結構基本成立。

　　因此，以下就採用驗證性因子的方法，對組織文化認同度的 4 維度結構，和組織人際和諧的 3 維度結構做進一步的驗證。

4.4 樣本

　　1．樣本選擇。根據方便取樣的原則，本研究共調查了北京、深圳、珠海、內蒙等地共 8 家企業。爲了確保問卷資料的真實性，全部採用匿名方式填寫。

　　8 家企業中，現場發放、現場回收的企業有 2 家，其餘企業採用郵寄問卷方式進行，但每次均通過電話和企業的高級管理人員聯繫，所有問卷都在寄出後 1 個月之內回收完成。

　　2．問卷回收。總計共寄出調查問卷 500 份，回收 492 份，其中有效問卷 480 份，有效回收率爲 96%。

　　調查企業及樣本的基本資訊見表 4.1 和表 4.2。

表4.1　樣本資訊（SPSS統計量，N=593）

	類別	人數	比例（%）
性別	男	224	48.9
	女	234	51.1
學歷	高中及以下	62	13.6
	大專	117	25.6
	本科	201	44
	研究生以上	77	16.8
在本單位工齡	1-4 年	234	53.1
	5-9 年	99	22.4

		84	19
	10-15 年	84	19
	15 年以上	24	5.5
職位	高層管理人員	12	2.7
	中層管理人員	38	8.5
	基層管理人員	60	13.5
	技術人員	17	3.8
	生產人員	87	19.6
	行銷人員	193	43.4
	行政後勤人員	38	8.5

	企業性質	行業	規模	樣本數
A 企業	國有企業	扎發及零售	500 人	220
B 企業	港澳臺及外資企業	資訊技術與服務	3500 人	75
C 企業	港澳臺及外資企業	服裝生產	4000 人	47
D 企業	民營企業	金屬模具生產	80 人	40
E 企業	港澳臺及外資企業	造紙	60 人	38
F 企業	民營企業	房地產	200 人	20
G 企業	民營企業	餐飲業	100 人	20
H 企業	民營企業	資訊技術與服務	100 人	20
合計				480

表4.2　企業樣本資訊

4.5　組織文化認同度結構驗證與討論

4.5.1　組織文化認同度因子結構驗證

　　根據紮根理論及預測試的結果，首先假設組織文化認同度是一個一階四因子的模型。採用附錄 C 量表中的第一部分，共 20 個條目來測量員工的組織文化

認同度。最後，採用 LISREL8.2 套裝軟體中的驗證性因子分析（CFA）程式，來驗證組織文化認同度的結構，驗證結果見圖 4.2，模型擬合優度見表 4.3。

表4.3　組織文化認同度一階四因子模型擬合優度指標（LISREL估計量，N=480）

	χ^2	df	χ^2/df	GFI	RMSEA	CFI	NFI	NNFI
判斷標準			<5	>.90	<.08	>.90	>.90	>.90
模型	582.84	164	3.55	0.89	0.08	0.94	0.92	0.93

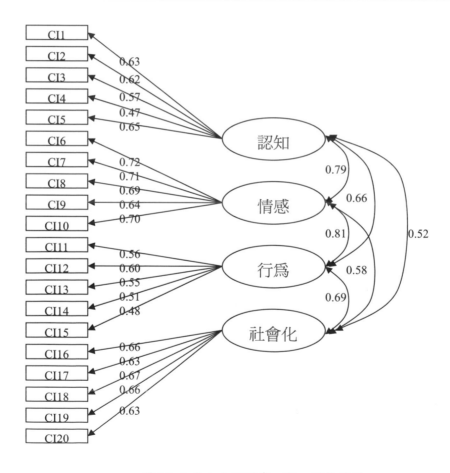

圖4.2　組織文化認同度一階四因子模型

　　從圖 4.2 中可以看出，除了 CI4 及 CI15 這兩個條目外，所有測量條目在相應因子上的負荷都高於 0.5。除了 GFI 稍低外，模型整體擬合優度指標均達到標準，說明模型是可以接受的。

　　在探討了組織文化認同度的一階四因子模型後，我們還需要進一步檢驗，這四個層面的組織文化認同度是否從屬於一個更高階的潛變數。由於我們假設認知層面、情感層面、行為層面及社會化層面這四個維度都從屬於一個高階的潛變數：組織文化認同度，因此可以利用高階驗證性因子分析，對組織文化認同度的二階模型進行驗證。二階因子分析結果如圖 4.3 所示，二階四因子模型的擬合優度結果如表 4.4 所示。

表4.4　組織文化認同度二階四因子模型擬合優度指標（LISREL估計量，N=480）

	χ^2	df	χ^2/df	GFI	RMSEA	CFI	NFI	NNFI
判斷標準			<5	>.90	<.08	>.90	>.90	>.90
模型	829.3	166	4.99	0.86	0.09	0.97	0.95	0.97

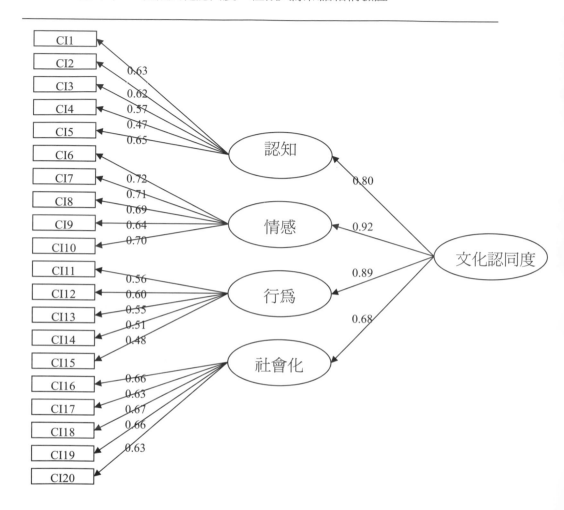

圖4.3　組織文化認同度二階四因子模型

　　從圖 4.3 中可以看出，組織文化認同度很好地解釋了認知層面（0.8）、情感層面（0.92）、行為層面（0.89）和社會化層面（0.68）這四個維度的認同度。同時絕大多數的擬合優度指標也都達到了可接受的水準。組織文化認同度的二階因子結構得到很好的驗證。

4.5.2 結果討論

通過驗證性因子分析（CFA）方法，本研究對組織文化認同度的四維度結構（認知、情感、行為、社會化）進行了檢驗，證實這個結構具有較好的信度和效度；同時，通過高階驗證性因子分析，也證明了四個因子從屬於一個更高階的因子：組織文化認同度。

這為後續的實證研究中探討組織文化認同度對組織人際和諧、組織承諾及離職意向時的概念化操作提供了依據。我們既可以分別探討認知層面、情感層面、行為層面及社會化層面的認同度對組織人際和諧、組織承諾的影響，也可以用一個更高階的變數：組織文化認同度來進行探討。

4.6 組織人際和諧結構驗證與討論

4.6.1 組織人際和諧因子結構驗證

根據紮根理論及預測試的結果，首先假設組織人際和諧是一個一階三因子的模型。採用附錄 C 量表中的第二部分，共 13 個條目來測量員工所感知到的組織人際和諧程度。最後，採用 LISREL8.2 套裝軟體中的驗證性因子分析（CFA）程式，來驗證組織人際和諧的結構，驗證結果見圖 4.4，模型擬合優度見表 4.5。

表4.5　組織人際和諧一階三因子模型擬合優度指標（LISREL估計量，N=480）

	χ^2	df	χ^2/df	GFI	RMSEA	CFI	NFI	NNFI
判斷標準			<5	>.90	<.08	>.90	>.90	>.90
模型	279.20	62	4.5	0.91	0.08	0.94	0.92	0.92

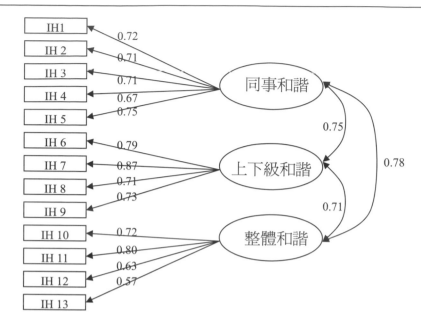

圖 4.4 組織人際和諧一階三因子模型

　　從圖 4.4 中可以看出，除了 IH13 這一條目外，所有測量條目在相應因子上的負荷都高於 0.63。而模型整體擬合優度指標基本均達到標準，說明模型是可以接受的。

　　在驗證了組織人際和諧的一階三因子模型後，我們進一步以高階驗證性因子分析方法，對組織人際和諧的二階模型進行驗證，以探討同事和諧、上下級和諧及整體和諧這三個維度是否從屬於更高階的潛變數：組織人際和諧。二階因子分析結果如圖 4.5 所示，二階三因子模型的擬合優度結果如表 4.6 所示。

表4.6 組織人際和諧二階三因子模型擬合優度指標（LISREL估計量，N=480）

	χ^2	df	χ^2/df	GFI	RMSEA	CFI	NFI	NNFI
判斷標準			<5	>.90	<.08	>.90	>.90	>.90
模型	310.35	62	5	0.91	0.09	0.90	0.89	0.88

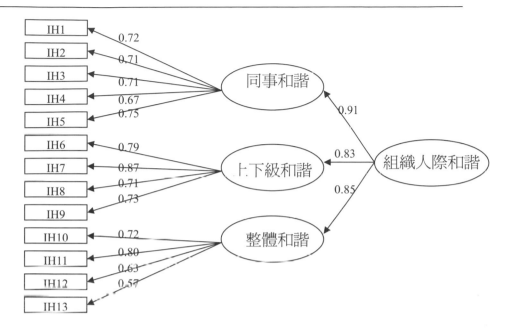

圖 4.5　組織人際和諧二階三因子模型

　　從圖 4.5 中可以看出，組織人際和諧這一高階潛變數很好地解釋了同事和諧（0.91）、上下級和諧（0.83）和整體和諧（0.85）這三個維度的人際和諧。同時，絕大多數的擬合優度指標也都達到了可接受的水準。因此，組織人際和諧的二階因子結構得到很好的驗證。

4.6.2　結果討論

　　通過驗證性因子分析（CFA）方法，本研究對組織人際和諧的三維度結構（同事和諧、上下級和諧、整體和諧）進行了檢驗，證實這個結構具有較好的信度和效度；同時，通過高階驗證性因子分析，也證明了三個因子確實可以歸屬於一個更高階的因子：組織人際和諧。這為我們在後續的實證研究中探討組織人際和諧與組織文化認同度、組織承諾及離職意向的關聯時，所需的概念化操作提供了依據。

第 5 章　組織文化認同度及其作用機制之實證研究

5.1 研究目的

本章主要目的在驗證組織文化認同度的作用機制。具體而言，本章主要探討組織人際和諧、變革型領導對組織文化認同度的影響，以及組織文化認同度對組織承諾、離職意向的影響機制。

研究工具方面，採用經本研究開發並驗證的組織文化認同度量表、組織人際和諧量表，並對Podsakoff等（1990）的變革型領導量表進行修訂和驗證。

本章主要採用方差分析驗證員工的工作年資、年齡及教育程度是否對組織文化認同度有影響；採用層次回歸分析驗證變革型領導對組織人際和諧、組織文化認同度的影響，組織人際和諧對組織文化認同度的影響，以及組織文化認同度對組織承諾、離職意向的影響；採用偏相關分析驗證組織文化認同度的中介作用；採用結構方程模型（SEM）驗證變革型領導、組織人際和諧通過組織文化認同度，對組織承諾及離職意向產生效果的過程模型。

5.2 研究框架

企業文化（組織文化）乃是企業全體員工在長期發展過程中培育形成並共同遵守的最高目標、價值觀念、基本信念和行為規範（張德，2003）。換句話說，組織文化必須得到絕大多數員工的認同和遵守，才能發揮作用。而要描述一個組織的文化特徵，一般要包含兩方面的內容，一是這個文化的核心價值觀是什麼，二是這個核心價值觀在多大程度上被員工接受和共用（Saffold，1988；王玉芹，2007）。這就體現了組織文化認同研究的意義。

儘管關於組織文化認同的實證研究並不多，但根據學者們對其他相似變數

的研究，例如人與組織匹配對組織承諾（Chatman，1991）、離職意向（O'Reilly，1991）的影響，及組織認同對組織承諾的影響（Bergami & Bagozzi，2000），本研究因此認為：員工對組織文化的認同度，會對組織承諾和離職意向產生影響。

在人際和諧上，目前已有的研究（黃囃莉，2005；鍾昆原，2002）發現人際和諧會對組織承諾、工作滿意度及個人績效產生影響。而在中國的環境下，組織內部的和諧、互相幫助、互相體諒的氛圍，除了會影響員工的工作情緒、工作滿意度之外，必然也會影響到員工對組織文化的認同程度。本研究因此認為：員工所感知到的組織人際和諧，會影響員工的組織文化認同度。此外，組織人際和諧也會通過提高員工的組織文化認同度，而影響組織承諾、離職意向等組織效能變數。

最後，變革型領導已經被證實與組織凝聚力（Bass et al.，2003）、組織承諾（Geyer& Steyrer, 1998）、組織認同（馬雲獻，2006）有關聯。且變革型領導可以通過人際和諧影響領導效能（鍾昆原，2002；鍾昆原、王錦堂，2002）。本研究認為：變革型領導會對組織文化認同度和組織人際和諧產生影響，而且由於組織人際和諧是存在與組織中的一種氛圍，而組織文化認同度則是員工的個人態度，因此變革型領導可能會通過影響人際和諧而影響組織文化認同度。此外，變革型領導還可以通過組織文化認同度，而影響組織承諾及離職意向。

本研究概念框架如下：

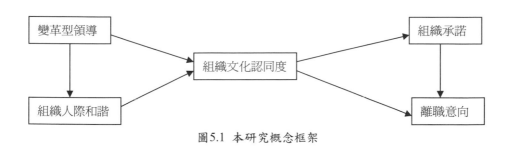

圖5.1　本研究概念框架

5.3 研究假設

根據上一節的研究概念框架，在組織文化認同度的前因變數部分，本研究將首先檢驗組織人際和諧對組織文化認同度的影響，接著檢驗變革型領導對組

織文化認同度、組織人際和諧的影響；及變革型領導通過組織人際和諧對組織文化認同度的影響。接下來在組織文化認同度的結果變數部分，將檢驗組織文化認同度對組織承諾、離職意向的影響。

最後，本研究將檢驗組織文化認同度在變革型領導對組織承諾、離職意向影響機制中的中介作用，及組織文化認同度在組織人際和諧對組織承諾、離職意向影響機制中的中介作用，並以結構方程模型（SEM）建立起變革型領導、組織人際和諧通過組織文化認同度影響組織承諾、離職意向的過程模型。

5.3.1　組織人際和諧與組織文化認同度關係假設

人際和諧（Interpersonal Harmony）是中國傳統文化的主流價值之一。在前面的紮根理論研究中，許多受訪者都反映員工對組織文化的認同程度，與組織內的人際和諧氛圍密切，例如：

員工之間願意主動分享資訊。

大家相處融洽，工作氣氛佳。

發生衝突時，大家能夠互相體諒，達成一致。

事實上，組織文化認同度代表的是員工接受組織文化所認可的態度與行為，並且不斷將該文化之價值體系與行為規範內化至心靈的程度。當而組織內部的和諧氣氛濃厚，員工之間相處融洽，願意互相支持和互相體諒時，員工必然會更認同所在組織的文化和工作氣氛。已有的研究（鍾昆原，2002；鍾昆原、彭台光、黃囃莉，2002）也表明了人際和諧對組織氣氛、組織承諾等變數有影響。本研究因此認為，組織人際和諧是可能影響到員工的文化認同度的。

本研究因此提出以下假設：

假設1：組織人際和諧對組織文化認同度有正向影響。

5.3.2　變革型領導與組織文化認同度、組織人際和諧關係假設

變革型領導是近年來領導學研究的熱點問題。相較於傳統的交易型領導（Transactional Leadership），變革型領導並不是透過獎罰系統來激勵、領導員工，而是以個人魅力和願景塑造等手段，來激發員工對領導者的信任和忠誠，開發員工的潛能，啟發員工的自覺意識，實現更高層次的目標（Bass，1985）。

　　變革型領導已經被證實與許多組織行為學變數相關，如組織凝聚力（Bass et al.，2003；Geyer& Steyrer，1998；Curphy，1992）、組織認同（馬雲獻，2006）等。由於變革型領導涉及通過領導者的個人魅力來影響員工的價值觀和動機，因此對員工的組織文化認同度有影響。同時，變革型領導有助於提升組織的凝聚力，而鍾昆原（2002）的研究也表明變革型領導與人際和諧存在正相關，因此可以假定，變革型領導對組織人際和諧也有影響。

　　因此，本研究提出下述假設：

　　假設2a：變革型領導對組織文化認同度有正向影響。

　　假設2b：變革型領導對組織人際和諧有正向影響。

　　另外，由於組織人際和諧是存在於組織中的一種氛圍，而組織文化認同度則是一種員工個人層面的態度，因此變革型領導也可能通過提高組織內部的人際和諧氛圍，提高員工的向心力和凝聚力，進而影響員工的組織文化認同度。鍾昆原（2002）的研究也表明變革型領導會通過影響人際和諧氛圍，而影響組織認同、工作滿意度等變數。因此，本研究提出如下假設：

　　假設3：變革型領導會通過組織人際和諧而影響組織文化認同度。

5.3.3 組織文化認同度與組織承諾、離職意向關係假設

　　本研究在紮根理論的過程中發現，組織文化認同度對組織效能可能存在顯著影響。例如在深度訪談中，許多受訪者都反映組織文化認同度對企業十分重要，例如：

　　組織文化認同的提高，代表組織凝聚力的提高。

　　有高度的組織文化認同，有助於樹立良好的企業形象，提高公司的市場競爭力和影響力。

　　員工對組織文化高度認同，就會對組織有更高的情感歸屬。

　　而人類學領域對與族群文化認同的研究也指出，文化認同對個人的幸福感（Edgecombe，2004）、自我感覺（Hill，2004；Chen，2004）、社會適應、個人認同（譚光鼎，1995；陳枝烈，1996；張琇喬，2000）等存在正相關。

　　而人與組織匹配（P-O-Fit）的研究也指出，個人與組織在價值觀上的一致，對工作滿意度和組織承諾（Cable & Judge，1996；Chatman，1991）有正向影響，對離職意向則有負向影響（Cable & Judge，1996；Chatman，1991），也就是員

工與組織的價值觀愈匹配，愈不容易離職。

由上述不同學者的研究，可以推論出員工對組織文化的認同與否，是影響組織效能的重要因素之一。本研究因此提出以下假設：

假設4a：組織文化認同度對組織承諾有正向影響。

假設4b：組織文化認同度對離職意向有負向影響。

5.3.4 組織文化認同度的中介作用假設

變革型領導對組織承諾的影響早已得到證明（Geyer& Steyrer, 1998；李超平、田寶、時勘，2006）。然而，變革型領導與員工表現之間的中介作用研究，卻仍在初期階段（Shamir，1991），Bass（1999）總結了20年來有關變革型領導的研究時指出，未來的研究方向之一是探討變革型領導對員工工作態度的作用機制。已有的研究成果已經證明變革型領導通過心理授權而影響組織承諾（陳永霞、賈良定，李超平等，2006）和員工工作態度（李超平、田寶、時勘，2006），而組織公民行為也在變革型領導對團隊績效的影響中起到中介作用（吳志明、武欣，2006）。但關於組織文化是否在變革型領導的作用機制中起到中介作用，目前尚沒有相關研究支持。

由於變革型領導是透過改變員工的價值觀和動機，激發員工的潛力，以達成組織的目標，因此，我們可以假定變革型領導是通過組織文化認同度而影響到組織承諾等組織效能變數的。

本研究提出以下假設：

假設5a：組織文化認同度在變革型領導對組織承諾的影響中起到中介作用。

假設5b：組織文化認同度在變革型領導對離職意向的影響中起到中介作用。

另一方面，由於組織人際和諧乃是員工對組織氣氛的認知，而組織文化認同度、組織承諾及離職意向等，均是屬於個人層面的態度變數。因此，組織人際和諧也可能通過提高員工的組織文化認同而發揮作用。從邏輯上來說，當組織內部和諧氣氛濃厚、員工之間相處融洽，使得員工對所在組織的文化和工作氣氛更加認同時，可能會因此而提高了員工對組織的向心力、投入程度，並降低離職的可能。本研究因此提出以下假設：

假設6a：組織文化認同在組織人際和諧對組織承諾的影響中起到中介作用。

假設6b：組織文化認同在組織人際和諧對離職意向的影響中起到中介作用。

5.3.5 員工特質與組織文化認同度關係假設

　　由於本研究的企業樣本較少，國有企業僅一家，港澳臺及外資企業也僅有三家，因此難以比較各類型的組織在組織文化認同度、組織人際和諧上的差異。

　　不過在員工個人層面上，由於工作年資、年齡等個人變數的不同，在對組織的文化認同度上可能存在差異。例如在一家公司工作年資較久的員工，可能對公司的文化認同度較高；另外，年齡較大的員工，因爲社會歷練較多，也許更容易迅速適應公司的文化；而教育程度較高的員工，也許更容易理解公司的價值觀和規範，因此文化認同度可能較高。本研究提出如下假設：

　　假設7a：員工的工作年資對組織文化認同度有影響。

　　假設7b：員工的年齡對組織文化認同度有影響。

　　假設7c：員工的教育程度對組織文化認同度有影響。

　　本研究的所有假設整理如表5.1。

表5.1　本研究假設匯總

假設	假設內容
1	組織人際和諧對組織文化認同度有正向影響。
2a	變革型領導對組織文化認同度有正向影響。
2b	變革型領導對組織人際和諧有正向影響。
3	變革型領導會通過組織人際和諧而影響組織文化認同度。
4a	組織文化認同度對組織承諾有正向影響。
4b	組織文化認同度對離職意向有負向影響。
5a	**組織文化認同度在變革型領導對組織承諾的影響中起到中介作用。**
5b	**組織文化認同度在變革型領導對離職意向的影響中起到中介作用。**
6a	**組織文化認同度在組織人際和諧對組織承諾的影響中起到中介作用。**
6b	**組織文化認同度在組織人際和諧對離職意向的影響中起到中介作用。**
7a	員工的工作年資對組織文化認同度有影響。
7b	員工的年齡對組織文化認同度有影響。
7c	員工的教育程度對組織文化認同度有影響。

5.4 分析方法

5.4.1 測量工具

5.4.1.1 組織文化認同度

　　組織文化認同度的測量，採用本研究自行開發的組織文化認同度量表，分為四個維度：認知層面、情感層面、行為層面、社會化層面。採用李克特五點量表（1 表示非常不同意，2 表示不同意，3 表示不確定，4 表示同意，5 表示非常同意）。該量表經過信度檢驗，各維度內部一致性係數（Cronbach α）均高於0.8，其中認知層面 5 個條目 α=0.83，情感層面 5 個條目 α=0.86，行為層面 5 個條目 α=0.81，社會化層面 5 個條目 α=0.86。同時，每個測量條目在相應因子上的負荷幾乎都高於 0.5。

5.4.1.2 組織人際和諧

　　組織人際和諧的測量，採用本研究自行開發的組織人際和諧量表，分為三個維度：同事和諧、上下級和諧、整體和諧。同樣採用李克特五點量表。該量表經過信度檢驗，各維度內部一致性係數均高於 0.8，其中同事和諧 5 個條目 α=0.88，上下級和諧 4 個條目 α=0.88，整體和諧 4 個條目 α=0.86。同時，每個測量條目在相應因子上的負荷均高於 0.5。

5.4.1.3 變革型領導

　　變革型領導的測量，主要參考 Podsakoff 等（2001）的變革型領導量表，並參考邱淑妙（2006）的翻譯。該量表包含 22 道題，其中 14 道測量理想化的影響力及心靈鼓舞，5 道題測量個性化的關懷，3 道題測量才智激發。由於該量表翻譯後存在部分條目意義重疊、模糊不清等現象，在專家討論後，決定對該量表進行修正。主要調整重點如下：

　　（1）　刪除意義重疊的條目。例如「直屬主管會尊重我個人的感受」及「直屬主管在工作時會體貼地考慮我個人的感受」意義相近，刪除第一個條目。

　　（2）　將意義相近的條目合併：如「直屬主管以身作則領導我們」和「直屬主管樹立了一個員工可以追隨的好榜樣」。

　　（3）　在中國環境下，對部分條目的措辭進行調整，使其更容易被中國員工理解。如原量表所有條目的開頭均為「我的直屬上級...」，經專家討論，認

為在中國企業中，集體意識較強，員工除了受直屬上級影響外，還在很大程度上受到公司最高領導及其它高階主管的影響，因此，把條目開頭修改為「公司的經理人員」或「公司主要領導」。

修正後的變革型領導量表共 14 個條目，其中 6 道題測量心靈鼓舞（或願景塑造），4 道題測量理想化的影響力（或魅力領導），2 道題測量個性化的關懷，2 道題測量才智激發，對修正後的變革型領導量表進行信度檢驗，發現內部一致性係數均在 0.7 以上，其中心靈鼓舞 6 道題 α=0.83，理想化的影響力 4 道題 α=0.84，個性化的關懷 2 道題 α=0.73，才智激發 2 道題 α=0.72。

接著對變革型領導的一階四因子模型進行驗證性因子分析（CFA），驗證結果見圖 5.2，模型擬合優度見表 5.2。

表 5.2　變革型領導一階四因子模型擬合優度指標（LISREL 估計量，N=480）

	χ^2	df	χ^2/df	GFI	RMSEA	CFI	NFI	NNFI
判斷標準			<5	>.90	<.08	>.90	>.90	>.90
模型	358.80	71	5.05	0.90	0.09	0.91	0.90	0.89

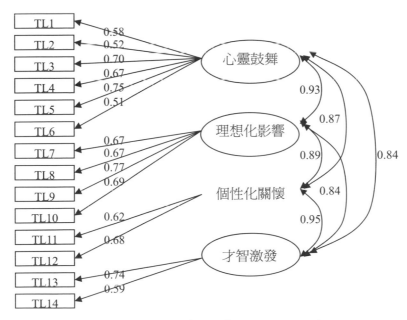

圖 5.2　變革型領導一階四因子模型

　　從圖 5.2 中可以看出，所有測量條目在相應因子上的負荷都高於 0.5。而模型整體擬合優度指標基本均達到標準，說明模型是可以接受的。

　　在驗證了變革型領導的一階四因子模型後，我們進一步以二階驗證性因子分析方法，來驗證這四個因子是否從屬於一個更高階的潛變數。二階因子分析結果如圖 5.3 所示，二階四因子模型的擬合優度結果如表 5.3 所示。

　　從圖 5.3 中可以看出，所有測量條目在相應因子上的負荷都高於 0.5。高階潛變數：變革型領導很好地解釋和心靈鼓舞（0.94）、理想化影響（0.96）、個性化關懷（0.96）和才智激發（0.91）。而模型整體擬合優度指標雖然較一階模型略有降低，但仍然基本達到標準，說明模型是可以接受的。

　　綜上所述，本研究所修正的變革型領導四維度量表，具備一定的信度和效度，可以在以下的實證研究中使用。詳細的測量條目參見附錄 C 問卷第三部分。

表5.3　變革型領導二階四因子模型擬合優度指標（LISREL估計量，N=480）

	χ^2	df	χ^2/df	GFI	RMSEA	CFI	NFI	NNFI
判斷標準			<5	>.90	<.08	>.90	>.90	>.90
模型	505.69	73	6.92	0.88	0.10	0.87	0.85	0.84

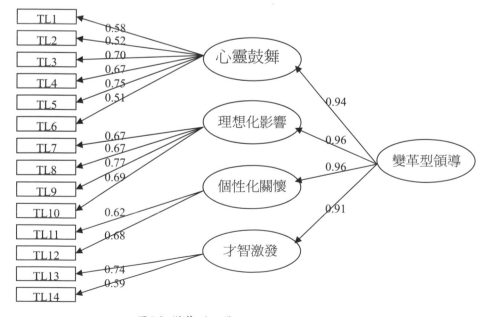

圖5.3　變革型領導二階四因子模型

5.4.1.4 組織承諾

　　組織承諾部分的測量,採用Meyer、Allen和Smith（1993）編制的三維度組織承諾量表,並參考陳威菖（1996）的翻譯。該量表共18道題,分為持續承諾、規範承諾和情感承諾三個維度,每個維度6道題,採用李克特五點量表。在回收問卷後,對該量表的信度進行了檢驗,結果發現各維度的內部一致性係數均高於0.7,其中持續承諾6道題α=0.78,規範承諾6道題α=0.81,情感承諾6道題α=0.84。詳細的測量條目見附錄C問卷第四部分的1至18題。

5.4.1.5 離職意向

　　離職意向部分的測量,採用Michael和Spector（1982）編制離職意向量表,參考呂京儒（2004）的翻譯。該量表為一維度、6道題,同樣為李克特五點量表。回收問卷後,對該量表的信度進行檢驗,發現該量表的內部一致性係數α達0.89。詳細的測量條目見附錄C問卷第四部分的19至24題。

5.4.2 資料收集及分析

　　採用問卷調查法收集資料,共從八家企業收回480份有效問卷,樣本及受測企業詳細資訊見上一章的表4.1及表4.2。

　　在分析方法上,採用方差分析、層次回歸分析、偏相關分析及結構方程模型。具體而言,採用方差分析探討工作年資、年齡等員工個人特質與組織文化認同度的關係。採用層次回歸分析驗證組織文化認同度與組織承諾、離職意向的關係,驗證組織人際和諧與組織文化認同度的關係,及驗證變革型領導與組織文化認同度、組織人際和諧的關係。採用偏相關分析來驗證在變革型領導對組織承諾、離職意向影響模型中,組織文化認同度的中介作用,及組織人際和諧對組織承諾、離職意向的影響模型中,組織文化認同度的中介作用。最後,採用結構方程模型驗證變革型領導及組織人際和諧,通過組織文化認同度而影響組織承諾、離職意向的過程模型。

5.4.2.1 中介作用的檢驗

　　如果自變數X是通過另一個變數M來影響因變數Y,則稱M為中介變數。如圖5.4所示。

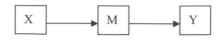

圖5.4　中介變數示意圖

Miller和Pollock（1994）指出，可以按以下四個條件來檢驗中介作用：

（1）　自變數X和因變數Y之間顯著相關。

（2）　自變數X和中介變數M之間顯著相關。

（3）　中介變數M和因變數Y之間顯著相關。

（4）　在控制住M的影響之後，若自變數X和因變數Y之間的相關顯著降低，則M的中介作用得到驗證。如果X和Y之間的相關性完全消失（相關係數未達顯著水準），則稱M有完全中介作用。

本研究利用偏相關分析（Partial Correlations）來檢驗變革型領導是否通過組織人際和諧而影響組織文化認同度；組織人際和諧是否通過組織文化認同度而影響組織承諾、離職意向；以及變革型領導是否通過組織文化認同度而影響組織承諾、離職意向。

5.5　分析結果

5.5.1　描述性統計及變數之間相關係數

首先對本研究各主要變數進行描述性統計分析，各變數的平均數、標準差及變數間的相關係數見表5.4。

在組織文化認同度各維度中，社會化層面的認同度（4.15）得分最高，而認知層面認同度（3.74）得分最低。而在組織人際和諧各維度中，同事和諧（3.91）的得分最高，其次是整體和諧（3.83），而上下級和諧（3.75）得分最低。

變革型領導方面，理想化的影響力得分最高（3.87），而才智激發的得分較低（3.74）。組織承諾方面，情感承諾（3.68）得分最高，而規範承諾（3.36）的得分最低。

第 5 章　組織文化認同度及其作用機制之實證研究

表5.4 各主要變數平均數、標準差和變數間相關係表（SPSS估計量，N=480）

變數	均值	標準差	1	2	3	4	5	6	7	8	9	10	11	12	13	14	15
1.認知層面認同	3.74	0.65	(0.83)														
2.情感層面認同	3.88	0.76	0.67**	(0.86)													
3.行為層面認同	4.05	0.61	0.57**	0.68**	(0.81)												
4.社會化層面認同	4.15	0.66	0.54**	0.67**	0.73**	(0.86)											
5.同事和諧	3.91	0.77	0.39**	0.57**	0.49**	0.50**	(0.88)										
6.上下級和諧	3.75	0.84	0.43**	0.56**	0.48**	0.47**	0.67**	(0.88)									
7.整體和諧	3.83	0.76	0.45**	0.59**	0.48**	0.50**	0.69**	0.64**	(0.86)								
8.心靈鼓舞	3.83	0.69	0.52**	0.58**	0.53**	0.53**	0.53**	0.55**	0.49**	(0.83)							
9.理想化的影響力	3.87	0.76	0.43**	0.52**	0.47**	0.49**	0.54**	0.60**	0.50**	0.78**	(0.84)						
10.個性化關懷	3.80	0.79	0.44**	0.51**	0.50**	0.50**	0.54**	0.63**	0.48**	0.64**	0.70**	(0.76)					
11.才智激發	3.74	0.77	0.42**	0.45**	0.44**	0.45**	0.43**	0.51**	0.45**	0.65**	0.64**	0.65**	(0.72)				
12.持續承諾	3.36	0.78	0.39**	0.43**	0.35**	0.41**	0.35**	0.38**	0.35**	0.31**	0.29**	0.38**	0.29**	(0.78)			
13.規範承諾	3.41	0.77	0.42**	0.56**	0.50**	0.52**	0.46**	0.46**	0.48**	0.47**	0.47**	0.47**	0.44**	0.63**	(0.81)		
14.情感承諾	3.68	0.86	0.50**	0.61**	0.53**	0.62**	0.46**	0.43**	0.51**	0.52**	0.48**	0.50**	0.47**	0.56**	0.74**	(0.84)	
15.離職意向	2.66	0.96	-0.25**	-0.31**	-0.28**	-0.37**	-0.26**	-0.28**	-0.25**	-3.35**	-0.31**	-0.29**	-0.28**	-0.23**	-0.29**	-0.39**	(0.89)

注：對角線上報告的是各變數的內部一致性係數α；*ρ<0.05；**p<0.01。

107

5.5.2 組織人際和諧與組織文化認同度關係驗證

假設1認為，組織人際和諧對組織文化認同度有正向影響。採用一元線性回歸分析對組織文化認同度的各個維度分別進行驗證。

首先以組織文化認同度為因變數，同事和諧、上下級和諧、整體和諧三個維度為自變數進行回歸分析；接著分別以認知層面認同度、情感層面認同度、行為層面認同度及社會化層面認同度為因變數，組織人際和諧的三個維度為自變數，逐一進行回歸分析。

具體步驟：第一步，控制變數（組織類型、行業、組織規模）進入回歸方程；第二步，自變數進入方程，所有變數採用直接進入（Enter）方式，結果見表5.5。

表5.5　組織人際和諧與組織文化認同度回歸分析表（SPSS估計量，N=480）

變數	文化認同度		認知層面		情感層面	
	第一步	第二步	第一步	第二步	第一步	第二步
控制變數						
組織類型	-0.26	-0.18	-0.24	-0.18	-0.19	-0.11
行業	0.11	0.04	0.01	-0.03	0.18	0.10
規模	0.08	0.06	0.07	0.06	0.10	0.08
自變量						
同事和諧		0.19**		0.03		0.21**
上下級和諧		0.27**		0.23**		0.22**
整體和諧		0.25**		0.27**		0.28**
R^2	0.08	0.46	0.05	0.27	0.06	0.44
Adjusted R^2	0.07	0.45	0.04	0.26	0.06	0.43
F	11.56**	59.97**	7.36**	27.33**	10.11**	57.96**

續表5.5 組織人際和諧與組織文化認同度回歸分析表（SPSS估計量，N=480）

變數	行為層面		社會化層面	
	第一步	第二步	第一步	第二步
控制變量				
組織類型	-0.23	-0.16	-0.28	-0.22
行業	0.07	0.01	0.11	0.05
規模	0.03	0.00	0.11	0.09
自變量				
同事和諧		0.19**		0.21**
上下級和諧		0.26**		0.21**
整體和諧		0.14*		0.18**
R^2	0.06	0.33	0.08	0.35
Adjusted R^2	0.05	0.32	0.07	0.34
F	8.99**	35.32**	12.71**	39.60**

注：進入模型的均為標準化回歸係數；*p<0.05；**p<0.01

由表5.5可以看出，組織人際和諧對組織文化認同度有正向影響，其中組織人際和諧的三個維度：同事和諧（β=0.19，p<0.01）、上下級和諧（β=0.27，p<0.01）和整體和諧（β=0.25，p<0.01）均對組織文化認同度有顯著影響。

另外，同事和諧對情感層面（β=0.21，p<0.05）、行為層面（β=0.19，p<0.01）和社會化層面（β=0.21，p<0.01）的文化認同度有顯著影響；上下級和諧對認知層面（β=0.23，p<0.01）、情感層面（β=0.22，p<0.01）、行為層面（β=0.26，p<0.01）和社會化層面（β=0.21，p<0.01）均有顯著影響；而整體和諧也對認知層面（β=0.27，p<0.01）、情感層面（β=0.28，p<0.01）、行為層面（β=0.14，p<0.05）和社會化層面（β=0.18，p<0.01）的組織文化認同度均有顯著影響。因此，假設1得到驗證。

5.5.3 變革型領導、組織文化認同度與組織人際和諧關係驗證

假設2認為，變革型領導對組織文化認同度組織人際和諧對組織文化認同度有正向影響。採用一元線性回歸分析對變革型領導及組織文化認同度、組織人際和諧的各個維度分別進行驗證。

首先檢驗假設2a。以組織文化認同度為因變數，心靈鼓舞、理想化的影響力、個性化的關懷及才智激發四個維度為自變數進行回歸分析；接著分別以認知層面認同度、情感層面認同度、行為層面認同度及社會化層面認同度為因變數，變革型領導的四個維度為自變數，逐一進行回歸分析。

具體步驟：第一步，控制變數（組織類型、行業、組織規模）進入回歸方程；第二步，自變數進入方程。採用直接進入（Enter）方式，結果見表5.6。

由表5.6可以看出，變革型領導中的心靈鼓舞（$\beta=0.39$，$p<0.01$）和個性化的關懷（$\beta=0.24$，$p<0.01$）對組織文化認同度有顯著的正向影響。

此外，心靈鼓舞對認知層面（$\beta=0.38$，$p<0.01$）、情感層面（$\beta=0.37$，$p<0.01$）、行為層面（$\beta=0.31$，$p<0.01$）及社會化層面（$\beta=0.28$，$p<0.01$）四個維度均有顯著影響；而個性化的關懷也同樣對這四個層面有顯著影響。但理想化的影響力、才智激發這兩個維度對組織文化認同度則沒有顯著影響。

因此，假設2a得到基本驗證。

表5.6 變革型領導與組織文化認同度回歸分析表（SPSS估計量，N=480）

變數	文化認同度		認知層面		情感層面	
	第一步	第二步	第一步	第二步	第一步	第二步
控制變量						
組織類型	-0.28	-0.23	-0.23	-0.19	-0.21	-0.15
行業	0.09	0.05	0.00	-0.02	0.15	0.12
規模	0.08	0.08	0.07	0.05	0.10	0.08
自變量						
心靈鼓舞		0.39**		0.38**		0.37**
理想化影響力		0.03		-0.05		0.04

個性化關懷		0.24**		0.16*		0.19**
才智激發		0.08		0.10		0.05
R^2	0.08	0.50	0.04	0.31	0.06	0.40
Adjusted R^2	0.07	0.49	0.04	0.30	0.06	0.39
F	12.14*	59.19*	6.61**	27.65**	9.81**	40.79**

續表5.6 變革型領導與組織文化認同度回歸分析表（SPSS估計量，N=480）

變量	行為層面		社會化層面	
	第一步	第二步	第一步	第二步
控制變量				
組織類型	-0.25	-0.19	-0.32	-0.27
行業	0.05	0.03	0.08	0.06
規模	0.03	0.02	0.11	0.12
自變量				
心靈鼓舞		0.31**		0.28**
理想化影響力		-0.01		0.06
個性化關懷		0.23**		0.22**
才智激發		0.08		0.07
R^2	0.06	0.35	0.09	0.40
Adjusted R^2	0.06	0.34	0.09	0.39
F	9.96**	33.77**	14.77**	41.02**

注：進入模型的均為標準化回歸係數；*p<0.05；**p<0.01

　　接下來驗證假設2b：變革型領導對組織人際和諧有正向影響。以組織人際和諧為因變數，心靈鼓舞、理想化的影響力、個性化的關懷及才智激發四個維度為自變數進行回歸分析；接著分別以同事和諧、上下級和諧、整體和諧為因變數，變革型領導的四個維度為自變數，逐一進行回歸分析。結果見表5.7。

　　由表5.7可以看出，變革型領導對組織人際和諧存在正向影響。其中心靈鼓

舞（β=0.14，p<0.05）、理想化的影響力（β=0.20，p<0.01）和個性化的關懷（β=0.35，p<0.01）這三個維度均對組織人際和諧有顯著的正向影響。

此外，心靈鼓舞對同事和諧（β=0.18，p<0.01）及整體和諧（β=0.14，p<0.05）有顯著影響；理想化的影響力對同事和諧（β=0.16，p<0.05）及上下級和諧（β=0.23，p<0.01）有顯著影響；個性化的關懷對同事和諧（β=0.32，p<0.01）、上下級和諧（β=0.39，p<0.01）及整體和諧（β=0.22，p<0.01）均有顯著影響；而才智激發則對整體和諧（β=0.12，p<0.05）有顯著影響。

因此，假設2b得到驗證。

表5.7 變革型領導與組織人際和諧回歸分析表（SPSS估計量，N=480）

變量	組織人際和諧		同事和諧		上下級和諧		整體和諧	
	第一步	第二步	第一步	第二步	第一步	第二步	第一步	第二步
控制變量								
組織類型	-0.14	-0.07	-0.14	-0.08	-0.04	0.03	-0.18	-0.13
行業	0.13	0.09	0.16	0.13	0.11	0.07	0.07	0.04
規模	0.06	0.05	0.09	0.08	0.08	0.08	-0.04	-0.05
自變量								
心靈鼓舞		0.14*		0.18**		0.07		0.14*
理想化影響力		0.20**		0.16*		0.23**		0.13
個性化關懷		0.35**		0.32**		0.39**		0.22**
才智激發		0.09		0.02		0.08		0.12*
R^2	0.04	0.50	0.04	0.40	0.01	0.48	0.05	0.33
Adjusted R^2	0.03	0.49	0.04	0.39	0.00	0.47	0.05	0.32
F	5.11**	60.93**	6.24**	40.53**	1.52	56.69**	8.36**	31.07**

注：進入模型的均為標準化回歸係數；*p<0.05；**p<0.01

假設3認為，變革型領導會通過組織人際和諧而影響組織文化認同度。本研究採用偏相關分析（Partial Correlations）檢驗組織文化認同度的中介作用。

　　中介作用的存在需滿足四個條件（Miller & Pollock，1994）：第一，自變數和因變數之間顯著相關；第二，自變數和中介變數之間顯著相關；第三，中介變數和因變數之間顯著相關；第四，當中介變數的影響被控制住後，若自變數和因變數之間的相關性明顯降低，則中介作用得到證實。倘若自變數與因變數之間的相關性完全消失（相關係數不顯著），則完全中介作用得到證實。

　　前面的假設1已經驗證了組織人際和諧與組織文化認同度存在顯著相關（條件三），而假設2a已經驗證了變革型領導與組織文化認同度存在顯著相關（條件一），假設2b則驗證了變革型領導與組織人際和諧存在顯著相關（條件二）。因此，接下來用偏相關分析來檢驗第四個條件。

　　具體步驟：第一步，在控制住組織類型、行業、組織規模的影響下，檢驗變革型領導與組織文化認同度之間的相關係數；第二步，控制住組織人際和諧的影響，檢驗變革型領導與組織文化認同度之間的淨相關係數。結果見表5.8。

表5.8 變革型領導與組織文化認同度偏相關分析表（SPSS估計量，N-480）

變量	相關係數	控制住組織人際和諧之淨相關
變革型領導&組織文化認同度	0.66**	0.39**
心靈鼓舞&組織文化認同度	0.64**	0.42**
理想化影響&組織文化認同度	0.57**	0.28**
個性化關懷&組織文化認同度	0.58**	0.28**
才智激發&組織文化認同度	0.52**	0.26**
變革型領導&認知層面認同度	0.53**	0.31**
心靈鼓舞&認知層面認同度	0.52**	0.34**
理想化影響&認知層面認同度	0.44**	0.20**
個性化關懷&認知層面認同度	0.45**	0.22**
才智激發&認知層面認同度	0.43**	0.21**
變革型領導&情感層面認同度	0.59**	0.28**
心靈鼓舞&情感層面認同度	0.58**	0.35**
理想化影響&情感層面認同度	0.51**	0.21**
個性化關懷&情感層面認同度	0.51**	0.17**
才智激發&情感層面認同度	0.45**	0.15**

變革型領導&行為層面認同度	0.55**	0.28**
心靈鼓舞&行為層面認同度	0.52**	0.30**
理想化影響&行為層面認同度	0.47**	0.20**
個性化關懷&行為層面認同度	0.49**	0.21**
才智激發&行為層面認同度	0.43**	0.19**
變革型領導&社會化層面認同度	0.58**	0.34**
心靈鼓舞&社會化層面認同度	0.54**	0.32**
理想化影響&社會化層面認同度	0.50**	0.26**
個性化關懷&社會化層面認同度	0.51**	0.25**
才智激發&社會化層面認同度	0.46**	0.25**

注：所有變數均採用一階潛變數；*p<0.05；**p<0.01

由表5.8可以看出，在控制住組織人際和諧的影響後，變革型領導與組織文化認同度各維度之間的相關係數均有明顯的下降，條件四得到滿足，說明組織人際和諧的中介作用是存在的。不過，由於變革型領導與組織文化認同度之間的淨相關依然存在（相關係數達顯著水準），說明組織人際和諧只是起到部分中介作用，而非完全中介作用。

因此，假設3得到基本驗證。

5.5.4 組織文化認同度與組織承諾、離職意向關係驗證

假設4認為，組織文化認同度對組織承諾有正向影響，對離職意向則有負向影響，本研究採用一元線性回歸分析對組織文化認同度及組織承諾、離職意向的各個維度分別進行驗證。

首先以組織承諾為因變數，認知層面、情感層面、行為層面及社會化層面等三個維度的文化認同度為自變數，進行回歸分析；接著分別以持續承諾、規範承諾、情感承諾為因變數，組織文化認同度的三個維度為自變數，逐一進行回歸分析。

具體步驟：第一步，控制變數（組織類型、行業、組織規模）進入回歸方程；第二步，自變數進入方程，所有變數採用直接進入（Enter）方式，結果見表5.9。

　　由表5.9可以看出，組織文化認同度對組織承諾存在正向影響。其中認知層面認同度（β=0.12，p<0.05）、情感層面認同度（β=0.28，p<0.01）、社會化層面認同度（β=0.30，p<0.01）均對組織承諾有顯著的正向影響。

　　另外，認知層面認同度對持續承諾（β=0.13，p<0.05）和情感承諾（β=0.12，p<0.05）有顯著影響；情感層面認同度對持續承諾（β=0.17，p<0.05）、規範承諾（β=0.31，p<0.01）和情感承諾（β=0.29，p<0.01）均有顯著影響；社會化層面認同度同樣也對持續承諾（β=0.18，p<0.01）、規範承諾（β=0.19，p<0.01）和情感承諾（β=0.35；p<0.01）有顯著影響。而行為層面認同度則對組織承諾的各個維度均沒有顯著影響。

　　因此，假設4a得到驗證。

表5.9　組織文化認同度與組織承諾回歸分析表（SPSS估計量，N=480）

變量	組織承諾		持續承諾		規範承諾		情感承諾	
	第一步	第二步	第一步	第二步	第一步	第二步	第一步	第二步
控制變量								
組織類型	-0.25	-0.06	-0.24	-0.13	-0.17	-0.01	-0.25	-0.07
行業	0.13	0.03	0.06	0.02	0.14	0.05	0.15	0.06
規模	-0.01	-0.09	-0.07	-0.01	0.06	-0.01	0.05	-0.04
自變量								
認知層面認同		0.12*		0.13*		0.09		0.12*
情感層面認同		0.28**		0.17*		0.31**		0.29**
行為層面認同		0.03		-0.01		0.07		-0.04
社會化層面認同		0.30**		0.18**		0.19**		0.35**
R^2	0.10	0.46	0.10	0.25	0.05	0.35	0.09	0.47
Adjusted R^2	0.10	0.45	0.09	0.24	0.04	0.34	0.09	0.46
F	15.32**	49.66**	15.32**	20.34**	6.93**	32.07**	14.96**	54.47**

注：進入模型的均為標準化回歸係數；*p<0.05；**p<0.01

接下來，以離職意向爲因變數，組織文化認同度的各維度爲自變數，進行回歸分析。

具體步驟：第一步，控制變數（組織類型、行業、組織規模）進入回歸方程；第二步，自變數進入方程，所有變數採用直接進入（Enter）方式，結果見表5.10。

由表5.10可以看出，在控制了組織類型、行業、規模等因素之後，只有社會化層面認同對離職意向起到顯著的負向影響（β=-0.29，p<0.01），而其他三個維度的組織文化認同度對離職意向沒有顯著效果。假設4b得到基本驗證。

表5.10 組織文化認同度與離職意向回歸分析表（SPSS估計量，N=480）

變量	離職意向	
	第一步	第二步
控制變量		
組織類型	0.14	0.03
行業	-0.04	0.01
規模	-0.11	-0.07
自變量		
認知層面認同		-0.02
情感層面認同		-0.09
行爲層面認同		0.00
社會化層面認同		-0.29**
R^2	0.02	0.15
Adjusted R^2	0.01	0.13
F	2.53	10.64**

注：進入模型的均爲標準化回歸係數；*p<0.05；**p<0.01

5.5.5 組織文化認同度的**中介作用驗證**

假設5認為，在變革型領導對組織承諾、離職意向的影響機制中，組織文化認同度起到了中介作用。

同樣採用偏相關分析（Partial Correlations）來檢驗中介作用（Miller & Pollock，1994）。中介作用的四個條件：第一，自變數和因變數之間顯著相關；第二，自變數和中介變數之間顯著相關；第三，中介變數和因變數之間顯著相關；第四，當中介變數的影響被控制住後，若自變數和因變數之間的相關性明顯降低，則中介作用得到證實。

前面的假設2a已經驗證了變革型領導與組織文化認同度存在顯著相關（條件二），而假設4已經驗證了組織文化認同度與組織承諾、離職意向之間存在顯著相關（條件二）。接下來用偏相關分析檢驗第一和第四個條件。

具體步驟：第一步，在控制住組織類型、行業、組織規模的影響下，檢驗變革型領導與組織承諾、離職意向之間的相關；第二步，控制住組織文化認同度的影響，檢驗變革型領導與組織承諾、離職意向間的相關係數。結果見表5.11。

表5.11 變革型領導、組織承諾與離職意向偏相關分析表（SPSS估計量，N=480）

變量	相關係數	控制住組織文化認同度之淨相關
變革型領導&組織承諾	0.53**	0.26**
心靈鼓舞&組織承諾	0.47**	0.13**
理想化影響&組織承諾	0.47**	0.21**
個性化關懷&組織承諾	0.52**	0.26**
才智激發&組織承諾	0.46**	0.22**
變革型領導&持續承諾	0.34**	0.16**
心靈鼓舞&持續承諾	0.26**	0.05
理想化影響&持續承諾	0.27**	0.11*
個性化關懷&持續承諾	0.36**	0.22**
才智激發&持續承諾	0.26**	0.11*
變革型領導&規範承諾	0.53**	0.24**
心靈鼓舞&規範承諾	0.46**	0.13**

理想化影響&規範承諾	0.47**	0.22**
個性化關懷&規範承諾	0.46**	0.19**
才智激發&規範承諾	0.46**	0.22**
變革型領導&情感承諾	0.56**	0.24**
心靈鼓舞&情感承諾	0.48**	0.14**
理想化影響&情感承諾	0.47**	0.19**
個性化關懷&情感承諾	0.50**	0.22**
才智激發&情感承諾	0.47**	0.20**
變革型領導&離職意向	-0.35**	-0.22**
心靈鼓舞&離職意向	-0.36**	-0.25**
理想化影響&離職意向	-0.31**	-0.20**
個性化關懷&離職意向	-0.28**	-0.13*
才智激發&離職意向	-0.26**	-0.13*

注：組織文化認同度及組織人際和諧採用一階潛變數；*p<0.05；**p<0.01

　　從表5.11中可以看出，變革型領導的各維度與組織承諾的各維度之間均有顯著正向相關，而與離職意向有負向相關。因此第一個條件得到滿足。

　　接下來檢視組織文化認同度的中介作用。在控制住組織文化認同度各維度的影響之後，變革型領導與組織承諾各維度之間的相關係數均有明顯降低，因此組織文化認同度的中介作用是存在的。但大部分相關係數仍達到顯著水準，僅心靈鼓舞－持續承諾之間的相關性完全消失，因此組織文化認同度的完全中介效果未得到證實，僅可證明有部分中介效果。假設5a得到基本驗證。

　　同樣地，在控制住組織文化認同度的影響之後，變革型領導與離職意向之間的相關係數均有明顯降低，因此組織文化認同度的中介作用是存在的。然而扣除組織文化認同度影響後的相關係數仍然達到顯著水準，因此未能證實有完全中介效果，僅可證明部分中介效果。假設5b得到基本驗證。

　　接下來對假設6進行驗證。假設6認為，組織文化認同度在組織人際和諧對組織承諾、離職意向的影響過程中，起到中介作用。

　　同樣採用偏相關分析（Partial Correlations）來檢驗中介作用。

　　前面已經驗證過了假設1及假設4。其中假設1說明組織人際和諧與組織文化認同度顯著相關（條件二），假設4則說明組織文化認同度與組織承諾、離職意

向顯著相關（條件三）。因此，條件二和條件三都已經滿足。接下來用偏相關分析檢驗第一和第四個條件。

具體步驟：第一步，在控制住組織類型、行業、組織規模的影響下，檢驗組織人際和諧與組織承諾、離職意向之間的相關係數；第二步，接著控制住組織文化認同度的影響，檢驗組織人際和諧與組織承諾、離職意向間的偏相關係數。結果見表5.12。

從表5.12中可以發現，組織人際和諧的各維度，與組織承諾均存在顯著的正相關，而與離職意向存在負相關，因此條件一得到滿足。

而在控制住組織文化認同度的影響後，組織人際和諧與組織承諾、離職意向之間的相關係數均有明顯的下降。其中同事和諧與持續承諾、規範承諾、情感承諾以及離職意向之間的相關係數，以及整體和諧與離職意向之間的相關係數完全消失（相關係數不明顯），條件四得到滿足，說明組織文化認同度的中介作用是存在的。不過組織人際和諧與組織承諾、離職意向的大部分維度之間的相關係數依然存在，說明組織文化認同度只是起到部分中介作用，而非完全中介作用。

因此，假設6a、6b得到基本驗證。

表5.12　組織人際和諧、組織承諾與離職意向偏相關分析表（SPSS估計量，N=480）

變量	相關係數	控制住組織文化認同度之淨相關
人際和諧&組織承諾	0.55**	0.21**
同事和諧&組織承諾	0.44**	0.10*
上下級和諧&組織承諾	0.51**	0.22**
整體和諧&組織承諾	0.49**	0.19**
人際和諧&持續承諾	0.39**	0.17**
同事和諧&持續承諾	0.31**	0.09
上下級和諧&持續承諾	0.39**	0.20**
整體和諧&持續承諾	0.33**	0.13*
人際和諧&規範承諾	0.51**	0.18**
同事和諧&規範承諾	0.41**	0.09

上下級和諧&規範承諾	0.47**	0.19**
整體和諧&規範承諾	0.46**	0.15**
人際和諧&情感承諾	0.52**	0.15**
同事和諧&情感承諾	0.41**	0.07
上下級和諧&情感承諾	0.47**	0.14**
整體和諧&情感承諾	0.49**	0.17**
人際和諧&離職意向	-0.31**	-0.11*
同事和諧&離職意向	-0.26**	-0.08
上下級和諧&離職意向	-0.30**	-0.12*
整體和諧&離職意向	-0.25**	-0.06

注：組織文化認同度採用一階潛變數；*p<0.05；**p<0.01

　　在驗證了組織文化認同度的中介作用後，關於變革型領導、組織人際和諧通過組織文化認同度，而影響組織承諾、離職意向的作用機制，將在下一節採用結構方程模型（SEM）進一步分析。

5.5.6 組織文化認同度綜合作用機制模型分析

　　傳統上，多元回歸分析（Multiple Linear Regression）常被用來檢驗自變數與因變數之間的因果關係。然而由於在多元回歸分析中，所有自變數都被放在同樣的位置，所得的回歸係數是各個自變數單獨對因變數影響的淨作用。因此，多元回歸無法檢驗自變數之間的交互作用關係，或是更複雜的因果鏈關係。此外，社會科學的很多變數都不是直接能測量到的，而是隱藏在觀察變數背後的潛變數（Latent Variables），而多元回歸分析無法處理潛變數的問題。另一方面，因子分析（Factor Analysis）雖然可以處理潛變數，卻無法檢視因子之間的關係。（郭志剛，1999）

　　而結構方程模型（Structural Equation Model，SEM）就是一個既可以處理潛在變數，又可以檢視變數之間複雜關係的統計工具。結構方程模型事實上包含兩個部分：（1）測量模型（Measurement Model），反映了觀察變數與潛在變數之間的關係，相當於驗證性因子分析；（2）結構關係的假設驗證，透過結構模型（Structure Model）使潛在變數之間的關係可以用路徑分析（Path Analysis）

的方法來討論。（邱皓政，2003）

在上一節中，已經證實了變革型領導和組織人際和諧會通過組織文化認同度的部分中介作用，而影響到組織承諾與離職意向。以下就採用結構方程模型來進一步檢驗其中的作用機制。

由於組織文化認同度僅被證實有部分中介作用（而非完全中介作用），因此以下需要考慮不同的作用模型。

模型一：部分中介作用模型。變革型領導及組織人際和諧除了通過組織文化認同度外，也會直接影響組織承諾和離職意向。

模型二：完全中介作用模型。變革型領導和組織人際和諧完全通過組織文化認同度，而影響組織承諾及離職意向。

模型三：無中介作用模型。變革型領導和組織人際和諧直接影響組織承諾及離職意向，不考慮組織文化認同度的中介作用。

各模型的擬合優度指標見表5.13。各變數採用一階因子進入模型。

表5.13 各結構方程模型擬合優度指標比較（LISREL估計量，N=480）

	χ^2	df	χ^2/df	GFI	RMSEA	CFI	NFI	NNFI
判斷標準			<5	>.90	<.08	>.90	>.90	>.90
部分中介模型	159.03	81	1.96	0.95	0.05	0.97	0.95	0.97
完全中介模型	174.88	85	2.06	0.95	0.05	0.97	0.95	0.96
無中介模型	382.11	85	4.50	0.89	0.09	0.87	0.85	0.84

由表5.13可以看出，模型三（無中介作用模型）的擬合程度不佳，而模型一（部分中介作用模型）和模型二（完全中介作用模型）的擬合優度指標均達到標準，進一步證實了組織文化認同度的中介作用是存在的。而模型一與模型二比較起來，模型一的擬合優度更佳，因此接受模型一。模型一的路徑關係圖見圖5.5。

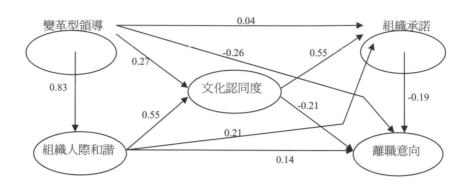

圖5.5 變革型領導、組織人際和諧對組織承諾、離職意向作用模型

　　由圖5.15可以看出，有部分路徑的重要性並不顯著，因此對模型進行了進一步的簡化與修正。主要刪除了兩條路經：變革型領導對組織承諾的作用路徑、組織人際和諧對離職意向的作用路徑。修正模型與原本模型的擬合優度比較見表5.14。

表5.14 原有模型與修正模型擬合優度指標比較（LISREL估計量，N=480）

	χ^2	df	χ^2/df	GFI	RMSEA	CFI	NFI	NNFI
判斷標準			<5	>.90	<.08	>.90	>.90	>.90
原有模型	159.03	81	1.96	0.95	0.05	0.97	0.95	0.97
修正模型	160.69	83	1.94	0.95	0.04	0.97	0.95	0.97

　　由表5.14可以看出，修正模型的擬合優度比原有模型略有提高，因此接受修正模型。修正模型的路徑關係圖見圖5.6。

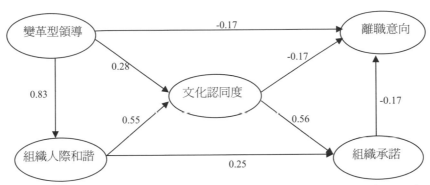

圖5.6 變革型領導、組織人際和諧對組織承諾、離職意向作用修正模型

　　爲了進一步說明各變數之間的關聯，以下列出各前因變數對結果變數的效果分析表。

表5.15 各前因變數對結果變數的影響效果分析（LISREL估計量，N=480）

	離職意向		組織承諾		文化認同度		人際和諧	
	整體效果	間接效果	整體效果	間接效果	整體效果	間接效果	整體效果	間接效果
變革型領導	0.40**	0.23*	0.61*	0.61*	0.73*	0.45*	0.83*	
人際和諧	0.19**	0.17**	0.55*	0.30*	0.55			
文化認同度	0.27*	0.10**	0.56*					
組織承諾	0.17*							
總體解釋能力	0.21		0.59		0.63		0.69	

注：*p<0.05；**p<0.01。

　　由表5.15可以看出，對離職意向影響效果最大的變數依次是變革型領導（0.40）、組織文化認同度（0.27）、組織人際和諧（0.19）和組織承諾（0.17）。對組織承諾產生影響的變數依次是變革型領導（0.61）、組織文化認同度（0.56）和組織人際和諧（0.55）。而對組織文化認同度有影響的變數分別是變革型領導（0.73）和組織人際和諧（0.55）。

5.5.7 員工個人特質與組織文化認同度關係驗證

假設7指出員工的工作年資、年齡和教育程度，對組織文化認同度有影響。

首先檢驗工作年資對組織文化認同度的影響。從表5.16可以看出，隨著年資增加，員工文化認同度的平均數也會提高，其中年資在10至14年的員工對組織文化的認同度是最高的。而年資在15年以上的員工，在情感層面及行為層面的文化認同度反而比10至14年的員工為低，這也許跟樣本過少有關（年資在15年以上的樣本僅23人）。

表5.16　不同年資員工的組織文化認同度均值（SPSS估計量，N=480）

年資	認知層面認同度	情感層面認同度	行為層面認同度	社會化層面認同度
1-4 年	3.63	3.84	3.98	4.06
5-9 年	3.74	3.86	4.07	4.16
10-14 年	3.95	4.02	4.20	4.32
15 年以上	3.97	3.97	4.19	4.42

為了驗證平均數的差異是否存在統計上的顯著性，採用單因素方差分析（One-way ANOVA）進行檢驗。結果見表5.17。

由表5.17可以看出，除了情感層面的組織文化認同度差異未達到顯著水準外，其他三個維度的組織文化認同度差異均達到了顯著水準。假設7a得到驗證。

表5.17　不同年資員工組織文化認同度方差分析（SPSS估計量，N=480）

		平方和	自由度	均方	F	Sig.
認知層面*	組間	7.48	3	2.50	6.21	0.00**
員工年資	組內	172.31	429	0.40		
	合計	179.79	432			
情感層面*	組間	2.30	3	0.77	1.33	0.26
員工年資	組內	246.02	427	0.58		
	合計	248.32	430			
行為層面*	組間	3.73	3	1.24	3.39	0.02*
員工年資	組內	157.29	430	0.37		
	合計	161.02	433			
社會化層面	組間	6.18	3	2.06	4.87	0.00**

組內	181.37	429	0.42
合計	187.55	432	

注：　*p<0.05；**p<0.01

接著分析員工的年齡對組織文化認同度的影響。由表5.18可以看出，一般而言，年齡愈大的員工，對組織文化的認同度愈強，其中45歲以上的員工，對組織文化的認同度是最強的。這一方面可能是由於年齡大的員工通常年資也較長，且在組織中的地位較高，對組織文化的認同度自然提高；另一方面也可能是年齡大的員工社會歷練較多，更容易理解組織的價值觀和行為規範，因此較容易產生認同。

表5.18 不同年齡員工的組織文化認同度均值（SPSS估計量，N=480）

年齡	認知層面認同度	情感層面認同度	行為層面認同度	社會化層面認同度
25 歲以下	3.59	3.79	3.90	3.97
25-30 歲	3.70	3.84	3.98	4.10
31-35 歲	3.78	3.84	4.08	4.15
36-45 歲	4.10	4.18	4.32	4.53
45 歲以上	4.15	4.50	4.62	4.56

為了驗證這種差異是否存在統計上的顯著性，採用單因素方差分析（One-way ANOVA）進行檢驗，結果見表5.19。

由表5.19可以看出，所有維度的組織文化認同度差異均達到了顯著水準，因此假設7b得到證實。

表5.19 不同年齡員工組織文化認同度方差分析（SPSS估計量，N=480）

		平方和	自由度	均方	F	Sig.
認知層面*	組間	11.71	4	2.93	7.35	0.00**
員工年齡	組內	167.72	421	0.40		
	合計	179.43	425			
情感層面*	組間	9.55	4	2.39	4.07	0.00**
員工年齡	組內	247.05	421	0.59		
	合計	256.60	425			

行爲層面*	組間	10.06	4	2.52	6.71	0.00**
員工年齡	組內	158.90	424	0.38		
	合計	168.96	428			
社會化層面	組間	13.65	4	3.41	7.99	0.00**
*員工年齡	組內	181.16	428	0.43		
	合計	194.81	428			

注：　*p<0.05；**p<0.01

最後分析員工的教育程度對組織文化認同度的影響。由表5.20可以看出，教育程度對組織文化認同度的影響並不明顯。而表5.21的單因素方差分析（One-way ANOVA）檢驗也表明，各維度組織文化認同度的差異並沒有達到顯著水準，因此假設7c沒有得到證實。

表5.20　不同教育程度員工的組織文化認同度均值（SPSS估計量，N=480）

教育程度	認知層面認同度	情感層面認同度	行爲層面認同度	社會化層面認同度
高中以下	3.80	3.93	4.07	4.22
大專	3.77	3.87	4.07	4.12
本科	3.69	3.89	4.03	4.14
研究生以上	3.76	3.89	4.05	4.18

表5.21　不同年齡員工組織文化認同度方差分析（SPSS估計量，N=480）

		平方和	自由度	均方	F	Sig.
認知層面*	組間	0.9	3	0.30	0.71	0.55
教育程度	組內	189.27	447	0.42		
	合計	190.17	450			
情感層面*	組間	0.17	3	0.06	0.10	0.96
教育程度	組內	260.21	445	0.59		
	合計	260.38	448			
行爲層面*	組間	0.12	3	0.04	0.11	0.96
教育程度	組內	171.63	446	0.39		
	合計	171.75	449			
社會化層面	組間	0.65	3	0.22	0.49	0.69
*教育程度	組內	198.65	447	0.44		
	合計	199.30	450			

注：　*p<0.05；**p<0.01

5.6 分析結果與討論

　　在本章中，通過統計分析驗證了組織文化認同度對組織承諾有正向影響，對離職意向有負向影響。組織人際和諧對組織承諾有正向影響，對離職意向同樣有負向影響。而組織人際和諧對組織文化認同度的正向影響也得到驗證。

　　此外，驗證了變革型領導對組織文化認同度、組織人際和諧的正向影響；在變革型領導對組織承諾、離職意向的影響機制中，組織文化認同度及組織人際和諧的中介作用也得到驗證。最後，本研究還驗證了員工的工作年資及年齡會影響到員工的組織文化認同度。

　　本研究的所有假設及驗證結果整理如表5.22。除了假設7c未能得到支持外，所有假設都得到完全支持或部分支持。以下將進一步討論各主要變數之間的關聯。

表5.22　本研究主要假設及驗證情況匯總

假	假設內容	結果
1	組織人際和諧對組織文化認同度有正向影響。	支持
2a	變革型領導對組織文化認同度有正向影響。	基本支持
2b	變革型領導對組織人際和諧有正向影響。	支持
3	變革型領導會通過組織人際和諧而影響組織文化認同度。	基本支持
4a	組織文化認同度對組織承諾有正向影響。	支持
4b	組織文化認同度對離職意向有負向影響。	基本支持
5a	組織文化認同度在變革型領導對組織承諾的影響中起到中介作用。	基本支持
5b	組織文化認同度在變革型領導對離職意向的影響中起到中介作用。	基本支持
6a	組織文化認同度在組織人際和諧對組織承諾的影響中起到中介作用。	基本支持
6b	組織文化認同度在組織人際和諧對離職意向的影響中起到中介作用。	基本支持
7a	員工的工作年資對組織文化認同度有影響。	支持
7b	員工的年齡對組織文化認同度有影響。	支持
7c	員工的教育程度對組織文化認同度有影響。	不支持

5.6.1 組織人際和諧與組織文化認同度關係討論

　　本研究證實了同事和諧、上下級和諧以及整體和諧均對員工的組織文化認

同度有顯著影響。

　　事實上，中國文化最基本的法則就是追求和諧與均衡（李亦園，1992），而相較於西方社會，華人在人際關係上總是傾向追求和諧、穩定和均衡（楊中芳，1992），當然在組織層面也不例外。對中國員工而言，總是希望組織內部的人際氣氛是友好、和諧、互相體諒的。

　　可以想像，當組織內部的和諧氣氛比較良好，員工願意互相支持、互相體諒、互相分享資訊時，員工工作情緒會提高，也更容易適應組織的工作環境和氣氛，相應地，對組織文化的認同也會有所提高。

　　因此，想要提高員工對組織文化的認同，除了加強文化建設外，在組織內部塑造和諧的氣氛，也是必要的。

5.6.2 變革型領導、組織文化認同度與組織人際和諧關係討論

　　變革型領導者能夠憑藉自己的個人魅力和魄力，為員工勾勒未來的願景，激發出員工內在的動力和個人的潛力，達到超乎預期的成就。變革型領導對領導效能的影響早已得到證實，而在本研究中，變革型領導對組織文化認同度、組織人際和諧的影響也得到了確認。且變革型領導會通過組織人際和諧而影響組織文化認同度。

　　其中，心靈鼓舞和個性化的關懷這兩個變革型領導的維度，對組織文化認同度和人際和諧的影響尤其顯著。心靈鼓舞是指領導者描繪願景、為員工樹立更高的期望，激發員工精益求精、追求完美的能力；個性化的關懷則是領導者能夠體恤員工、考慮員工個人需求的能力。

　　企業的願景原本就與文化密切相關，良好的願景和目標可以激發出員工內心的渴望和鬥志，讓員工精誠團結、為實現組織的目標而努力，這自然就提高了組織中的和諧氣氛，也讓員工對組織的文化價值觀更加認同。而個性化的關懷表現的是領導者人性化、溫情的一面，有助於改善上下級關係，建立和諧的氛圍；而員工感受到上級的關懷，有了溫馨的感覺，對組織文化的認同度也就有所提高。

　　另一方面，變革型領導是一種強調團隊合作和組織凝聚力的領導風格，特別是變革型領導的「理想化的影響力」這一維度，特別重視領導者凝聚人心、使員工為團隊目標而努力的能力。因此，變革型領導必然有助於改善組織內部

的人際氛圍，提高員工對團隊的向心力和凝聚力。這點與鍾昆原（2002）的研究結果也是符合的。

　　最後，由於組織人際和諧是存在於組織內部的一種氛圍，而組織文化認同度則是個人層面的一種態度。因此變革型領導除了直接影響組織文化認同度外，也會通過改變人際氛圍，在組織內部建立互相幫助、互相體諒的和諧氣氛，而提高員工對文化的認同程度。

5.6.3 組織文化認同度與組織承諾、離職意向關係討論

　　本研究發現，員工對組織文化的認同度，對組織承諾有顯著的正向影響，其中認知層面的認同度對組織承諾中的持續承諾和情感承諾有顯著影響，而情感層面和社會化層面的文化認同度對組織承諾的三個維度（持續承諾、規範承諾、情感承諾）均有顯著影響，僅行為層面認同度對組織承諾沒有顯著影響。另一方面，本研究也證明組織文化認同度對離職意向起到了負向影響。

　　由此可見，員工對組織的文化瞭解與否，會影響到他對組織的情感附著、投入感以及責任意識。對組織文化認同度愈高的員工，對組織的投入感和責任感愈強，也愈不會想要離職。

　　這點與既有的關於人與組織匹配（P-O-Fit）的研究結果吻合，個人與組織在價值觀上愈投契，工作滿意度愈高（Cable & Judge，1996）、組織承諾愈高，也愈不容易離職（Chatman，1991）。

　　擁有對公司高度認同、高度投入而且不輕易離職的員工，是每一家企業都希望的。由此看來，加強組織文化建設，提高員工的文化認同度，是勢在必行的措施。

5.6.4 組織文化認同度的作用機制討論

　　本章全面考察了組織文化認同度的作用機制。組織文化認同度的相關作用過程機制可以歸納如下：

　　1. 首先，在組織文化認同度的前因變數部分，證實了組織人際和諧會對組織文化認同度產生影響，變革型領導也對組織文化認同度有影響；而變革型領導除了直接影響組織文化認同度外，也會通過組織人際和諧而對組織文化認同

度產生影響。

2. 其次，在組織文化認同度的結果變數部分，證實了組織文化認同度對組織承諾有顯著的正向影響，對離職意向則有顯著的負向影響。

3. 變革型領導會通過組織文化認同度而影響組織承諾、離職意向。本研究通過偏相關分析和結構方程模型發現，在變革型領導對組織承諾、離職意向的影響機制中，組織文化認同度起到了中介作用。換句話說，變革型領導者透過自己的個人魅力和對員工的關懷，改變、塑造了員工的價值觀和思想，提高了員工對組織文化理念和規範的認可，進而使得員工願意不斷投入到組織中來，把組織視為自己的家，願意持續地在組織工作，而不會隨意離職。變革型領導就是透過這樣的機制起到作用的。

4. 組織人際和諧也同樣會通過組織文化認同度而影響組織承諾、離職意向。事實上，已有的研究也已經表明，組織內部人際關係愈和諧，組織承諾、工作滿意度和個人績效愈高（鍾昆原、王錦堂，2002）。然而，本研究卻證實了組織文化認同度在組織人際和諧的影響機制中，起到了中介變數的作用。由於組織人際和諧是一種員工對組織氛圍的感知，而組織文化認同度、組織承諾、離職意向都是個人層面的態度，因此可以解釋為：當組織內部建立起互相尊重、互相幫忙的和諧氛圍時，不但可以提高員工對組織文化和價值觀的認同，而且通過這種認同度的提高，還可以進一步提升員工對組織的向心力和投入感，並降低員工離職的可能。

因此，本章的研究概念框架得到了完整的驗證，對組織文化認同度的作用機制，有了一個比較完整而深入的瞭解。

第 6 章　組織文化認同度案例研究（一）：企業案例

　　前面的探索性及實證研究已經表明，員工組織文化認同度對組織認同、離職意向均有顯著的影響，而組織人際和諧也對組織承諾和離職意向起到影響效果。由於組織承諾關係到員工對企業的向心力、凝聚力和責任感，而離職意向更直接關乎企業人力資源的成本高低，因此，加強員工的組織文化認同度和組織內的人際和諧氛圍，對企業而言是至關重要的事。

　　根據本書的研究結論，本章以兩家企業為例，闡釋組織文化認同度及人際和諧在組織中的應用，說明企業在文化建設的過程中，提高員工對組織文化的認同度、改善企業內的人際和諧氛圍是十分重要的。這兩家企業分別為呼和浩特煙草公司（簡稱呼煙），及位於深圳市的安莉芳服裝集團（Embry Form，以下簡稱安莉芳）。

6.1 呼和浩特煙草公司案例研究

6.1.1 呼和浩特煙草公司簡介

　　呼和浩特煙草公司是中國大陸國有的煙草銷售企業，成立於 1984 年，目前員工總數近 500 人。在 1997 年以前，煙草行業完全處於計劃經濟體制，職工人數、銷售及利潤均保持穩定。但在 1997 年以後，該企業導入市場化經營理念，開始銳意發展，10 年來職工人數從原本的 100 人增加至近 500 人，利潤額更增長了 100 多倍。

　　呼和浩特煙草公司近年導入了自動化、資訊化的倉儲、配銷系統，所用技術在行業處於領先位置。目前，呼和浩特煙草公司在同區的煙草企業中，經營水準、管理水準已經連續 5 年被評為第一，並多次被評為行業先進單位，企業

最佳形象 AAA 級榮譽等。

　　除了技術方面的創新外，呼和浩特煙草公司也十分重視文化建設。由企業領導人帶頭，於 2002 年出版了企業文化建設讀本、企業道德建設讀本等，並提出了「團結求實，創新高效」的核心理念。

　　然而，由於市場環境的變化，對煙草企業的創新、效率、和諧等價值觀提出了新的要求。此外，由於煙草行業屬於壟斷性行業，國家煙草總局對下屬企業的規範較爲嚴格，不但文化方面必須遵循煙草總局定下的框架，而且在管理制度、薪酬等方面的硬性規定，也使呼和浩特煙草公司對員工的物質激勵效果有所下降，必須訴諸文化等軟性激勵方式。這一切都對呼和浩特煙草公司的文化建設提出了新的挑戰。

6.1.2　呼和浩特煙草公司文化現狀的研究方法與過程

　　爲清晰地瞭解呼和浩特煙草公司的情況，本研究採用實地考察、深度訪談以及問卷調查相結合的方法，對該公司進行了爲期五天的全面調查。

　　深度訪談：首先對公司的 2 位高層、10 位中層管理者進行了深度訪談。訪談主要圍繞以下內容展開：

　　（1）企業目前存在的優勢及劣勢；

　　（2）文化建設的歷程以及企業文化的現狀；

　　（3）行業的特性以及對文化的影響；

　　（4）員工對文化的理解及認同情形；

　　（5）心目中理想的文化是什麼樣的。

表 6.1　呼和浩特煙草公司調查樣本資訊

		頻數	百分比	有效百分比
性別	男	134	63.8	63.8
	女	75	35.7	35.7
文化程度	高中/中專/職專	65	30.8	30.8
	大專	90	42.7	42.7
	本科	52	24.6	24.6
	研究生及以上	4	1.9	1.9
職務	中、高層管理人員	15	6.8	6.8

	基層管理人員	10	4.5	4.5
	普通員工	195	88.6	88.6
在本單位工作時間	3年以內	69	33.8	33.8
	3-5年	55	27	27
	6-10年	60	29.4	29.4
	10年以上	20	9.8	9.8
年齡	25以下	31	14.6	14.6
	26-30	88	41.5	41.5
	31-35	37	17.5	17.5
	36以上	56	26.4	26.4

　　問卷調查：採用綜合式的正式調查問卷，包含組織文化類型、文化建設、文化認同度、人際和諧、轉換型領導、組織承諾及離職意向等方面的內容，請該公司的 15 名高、中層管理者，10 名基層管理者，以及包括市場行銷、銷售、物流、後勤等部門在內的 195 名普通員工填寫。調查樣本詳細資訊見表 6.1

　　實地考察：為了更深刻地理解呼和浩特煙草公司的文化和管理狀況，筆者實地到呼和浩特煙草公司的物流配送中心參訪 2 小時，實際瞭解員工的工作流程和精神狀況。此外也參觀了零售點、員工宿舍等，對呼和浩特煙草公司的情況有了深刻瞭解。

6.1.3　呼和浩特煙草公司文化現狀總體情況分析

　　1．訪談分析

　　在煙草行業中，呼和浩特煙草公司是較早開展企業文化建設的單位之一。在 1997 年執掌企業之後，現任領導人就十分重視文化理念的作用，提出了「團結求實，創新高效」的企業精神，先後出版了企業文化建設讀本、企業道德建設讀本等。此外，呼和浩特煙草公司對文化的提煉還遠遠不止這些，管理團隊提出了大量的精神口號和標語，其中既有現代的內容，也有提取自《論語》、《老子》等古書的語句，這些標語和宣傳詞遍佈整個企業。

　　在訪談中，呼和浩特煙草公司領導人認為：

　　文化最主要的用處是塑造人心、經營人心，對內要有大家庭的感覺，讓員工實實在在地為公司幹。

在煙草行業，文化的核心還得套到國家局的價值觀裏：國家利益至上，消費者利益至上，在這個籠子裏跳舞，不可能超出這個範疇。

目前公司比較缺乏活力，由於總局對工資基數的限制很死，員工的積極性受到影響。有點道家心態，無為就是有為。必須在國家局的框架裏面，塑造一種活力、向上的氛圍。

現在國家局的重點是效率。但是要講高效，溝通是最重要的，需要提倡一種溝通的文化。另外也需要把績效、組織、考評都貫徹下去，因此需要一種執行的文化。只問結果，犯錯的人可以同情，但是不能放鬆。

現在主要應該提倡和諧，和諧的範圍比團結更廣。每個企業都有漏洞，如果不和諧，員工處處使壞，心情就不會舒暢。此外，規範、效率和活力，也是必須宣導的。

員工不是一開始就認同文化的，需要平息很多紛爭。需要一套嚴密的方案，因時、因地，逐步灌輸，一層傳一層，逐步把分散、歧義的思想整合起來，也需要後面整體的工作來支持，同時物質方面也要跟上。

從這些談話中可以看出，呼和浩特煙草公司十分重視團結與和諧的氣氛，這也是許多國有企業的共同特色。然而過度重視團結往往會降低效率和活力，加上國家煙草總局對下屬公司制度、薪資總額方面的限制，以及企業內部過於複雜的人際關係，使得呼和浩特煙草公司員工的積極性受到影響，部分員工存在不求有功、但求無過的心態，團結有餘，但活力和激情不足。

基本上，呼和浩特煙草公司是一家十分優秀的國有企業，在文化建設上也有獨到之處。根據訪談記錄，筆者總結出了呼和浩特煙草公司的5項優勢：

（1）行銷優勢：呼和浩特煙草公司的行銷網路和配送系統均十分先進，對零售終端的把握也較好，這使呼和浩特煙草公司的銷售資料傲視同行。

（2）管理優勢：呼和浩特煙草公司的整體管理制度較為規範，每個崗位都有具體的操作手冊和相關規範，一切都有章可循，擁有不錯的科學管理基礎。

（3）團隊優勢：呼和浩特煙草公司員工對公司的向心力高，人人都有不錯的團結意識，與公司榮辱與共。

（4）領導優勢：現任領導人個人魅力強，有很好的執行力和規劃能力，並且對文化建設十分重視。

（5）文化優勢：在同行業中，呼和浩特煙草公司屬於較早展開企業文化建

設的單位，「團結求實，創新高效」的企業精神、眾多的口號和宣傳詞，形成了較為優秀的文化氛圍。

　　然而在此同時，呼和浩特煙草公司的文化建設也存在一些問題：

　　（1）文化理念不夠精煉：自從 2002 年以來，呼和浩特煙草公司除了編撰企業文化建設手冊、企業道德建設手冊兩本材料外，還大量提出各種精神口號、標語、格言等。然而理念提倡有餘，精煉程度卻有些不足。在訪談中，許多員工均反映文化提得過多了，加上內容多變，很難弄清楚真正的核心是什麼；

　　（2）文化宣傳貫徹還有提升空間：呼和浩特煙草公司的文化宣傳手段主要集中在手冊編寫以及張貼標語、口號上，其他的手段如員工文化培訓、文體活動、典型員工事蹟宣傳等很少，這使得員工只知道基本的文化理念，卻不太清楚該如何運用到日常工作中。

　　（3）團結和諧有餘，創新活力不足：國有企業的環境相對穩定，許多員工還有吃大鍋飯的心態；加上制度限制較嚴格，薪酬、考核上能發揮的餘地不大，導致有些員工不求有功、但求無過的心態。團結的氣氛佳，但創新和活力的氛圍不足；

　　（4）部分制度不夠科學：由於煙草行業屬於壟斷行業，國家煙草總局對下屬各公司的規定較嚴格，例如工資總數被完全固定，各級人員的績效工資比例也被明文規定。這些制度存在部分不科學的現象，導致激勵效果和員工積極性的下降。然而由於這是上級的規定，呼和浩特煙草公司也無法改變，只能從其他層面（如文化）著手。

　　從訪談中，可以總結出呼和浩特煙草公司是一家以層級文化為主的企業，制度建設比較完善，員工的向心力也較強；此外該公司的屬於銷售型企業，對市場的把握度較好，具有一定的市場導向觀念。然而由於國有企業缺乏競爭的特點，目前公司存在著活力不足、創新不夠、部分員工得過且過的問題。此外，該公司的文化建設可圈可點，但在文化理念提煉和落實上，仍有改善的空間。

　　2．文化類型分析

　　本研究採用 Cameron 和 Quinn（1998）的 OCAI 量表，對呼和浩特煙草公司的文化類型進行了分析。

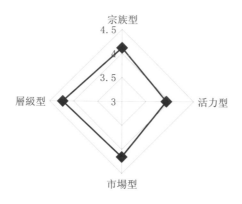

圖6.1　呼和浩特煙草公司企業文化類型圖

　　從圖 6.1 中可以看出，呼和浩特煙草公司的主導文化類型是層級文化（4.22 分），同時兼有市場文化（4.15 分）和宗族文化（4.11 分）的特質。這與我們訪談結論一致。

　　但呼和浩特煙草公司的活力文化特質（3.9 分）較爲不足，顯示出公司創新能力較弱，活力較低。由於呼和浩特煙草公司屬於壟斷性的國有企業，面對的市場競爭程度非常低，許多員工都有吃大鍋飯的心態，不求有功，但求無過。同時，嚴格的制度規範和專賣制度也使企業能夠創新的空間相對有限，一切只能在上級給定的框架底下操作。長此以往，員工的活力和創新風氣較低也就不難想像了。呼和浩特煙草公司的領導人在訪談中一再提及需要加強活力、提高創新，可以說就是根源於此。

3‧員工組織文化認同度分析

　　採用本研究開發的組織文化認同度量表，對呼和浩特煙草公司進行分析。結果發現呼和浩特煙草公司員工對組織文化的認同度屬於中等偏高的程度（4.19 分，滿分爲 5 分）。其中社會化層面（4.43 分）表現較好，顯示員工對企業有不錯的歸屬感。然而認知層面（3.94 分）表現最差，顯示公司的文化並沒有很好地提煉、總結成體系，員工對公司所提倡的文化價值觀一知半解。仔細分析認知層面認同度的各條目後，發現僅有 54.3%的員工熟悉公司所提倡的典型人物或事蹟，也只有 65.4%的員工能說出本公司文化的優點和特色。這顯示呼和浩特煙草公司文化理念的提煉確實有提高的空間，特別是對典型人物和事蹟的宣傳比較不到位。

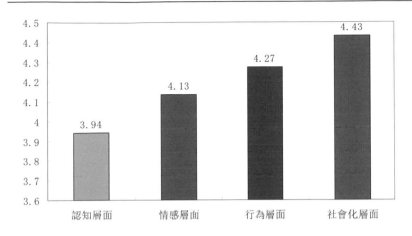

圖6.2　呼和浩特煙草公司組織文化認同度分析

　　為更直觀地描述呼和浩特煙草公司文化哪個環節存在的問題，我們另外分析了呼和浩特煙草公司文化建設的現狀，結果發現，絕大多數員工都肯定公司有明確的宗旨和理念（93%），也認為公司的制度和規範（85%）、標識和口號（81.4%）體現了公司的宗旨和理念。然而，只有 70.4%的員工表示公司有定期舉辦企業文化的培訓，71%的員工認為公司舉辦了豐富的文體和娛樂活動。詳細資料見表 6.2。

表 6.2　呼和浩特煙草公司文化建設情況分析

公司有明確的企業宗旨和理念	93%
公司的制度和規範體現了企業宗旨和理念	85%
公司的標誌、口號體現了企業的宗旨和價值觀	81.4%
公司的理念和宗旨深入人心	79%
公司舉辦了豐富的文化、體育和娛樂活動	71%
公司有定期舉辦企業文化培訓	70.4%

　　總而言之，從呼和浩特煙草公司的組織文化認同度和文化建設情況分析中，可以看出該公司呈現社會化層面和行為層面的認同度較高，認知層面和情感層面的認同度較低的現象，特別是認知層面的認同度偏低，這顯示員工對公司文化的內涵不是非常瞭解。而從文化建設的狀況來看，呼和浩特煙草公司的

表現不錯，基本的宗旨和理念都有提煉出來，但是在文化培訓、文體活動等實施層面上還不夠完善。

呼和浩特煙草公司有很好的核心理念，但卻不能形成一套被員工理解、欣賞並且投入的文化體系，這其中可能的問題有三：一是文化理念提得過多，沒有經過足夠的提煉，各種口號、觀念繁多且經常變動，員工經常不知道真正核心的東西是什麼；二是除了理念層外，企業文化還沒有很好地與制度和行為掛鈎，沒有形成完整的文化體系；三是文化的培訓和宣貫工作不足，特別是缺少對典型人物和事蹟的提取和宣傳。

6.1.4 呼和浩特煙草公司組織人際和諧現狀分析

採用本研究自行開發的「組織人際和諧」量表對呼和浩特煙草公司進行調查，結果發現：

（1）整體的人際和諧程度處於中等的水準，總體平均得分為 4 分，顯示公司內部的和諧氣氛不錯，員工的團結意識、合作氛圍都比較強，工作上願意互相支持、互相體諒。這與訪談的內容基本上吻合，即呼和浩特煙草公司的團結氣氛比較濃厚，然而過度重視和諧，也可能降低組織的創新和活力。

（2）在三個維度中，「上下級和諧」的得分較低（3.85 分），這表示相較於同事之間以及部門之間的和諧，直屬上下級之間的溝通和合作意識稍差。在訪談中發現，呼和浩特煙草公司存在人際關係較為複雜、部分空降人員不需努力就可坐享其成的現象，使得有些員工存在不滿，這可能導致了和諧氣氛的下降。

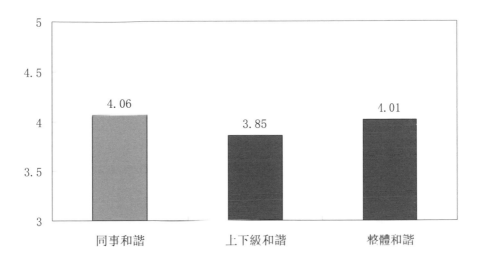

圖6.3　呼和浩特煙草公司組織人際和諧現狀分析

6.1.5 呼和浩特煙草公司組織承諾及離職意向分析

本研究採用三維度的組織承諾量表（持續承諾、規範承諾及情感承諾）及離職意向量表來調查呼和浩特煙草公司，各維度得分見圖 6.4。

由圖中可以看出，呼和浩特煙草公司員工的組織承諾水準較高，組織承諾的總平均得分為 3.78，且三個維度的得分均超過了 3.5。這表示整體而言，員工對公司的歸屬感相當不錯，很願意與公司共同成長、共同奮鬥。在三個維度中，情感承諾的得分（4.03 分）最高，情感承諾反映得是員工對組織的歸屬感和感情，這表示公司的文化建設有不錯的成效，員工對公司的情感投入較深，把自己視為公司的一分子。

此外，離職意向的得分（2.33 分）較低，這也很好地佐證了呼和浩特煙草公司員工對企業的向心力和投入感高，不太會出現想要離職的情緒。

總體而言，組織承諾和離職意向的分析顯示，呼和浩特煙草公司對員工而言是一家不錯的公司，員工對公司有歸屬感、責任感，願意持續留在公司效力，這對呼和浩特煙草公司而言，是一筆巨大的財富。

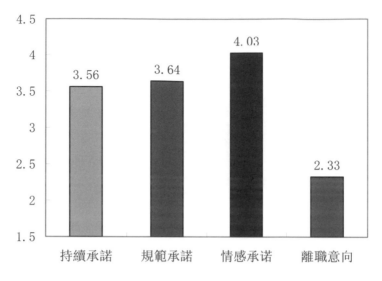

圖 6.4 呼和浩特煙草公司組織承諾及離職意向分析

6.1.6 呼和浩特煙草公司文化建設對策建議

　　經過上面的調查和分析，總地來說，呼和浩特煙草公司是一家十分優秀的國有企業，除了在市場行銷、技術投入和管理制度方面表現不錯外，企業文化的建設也有獨到之處，員工對公司的認同感和歸屬感較高，團結和諧的氣氛較濃。然而，呼和浩特煙草公司在文化建設上，也存在一些問題：

　　1・文化理念不夠精煉、完善：

　　呼和浩特煙草公司很早就開始了企業文化建設工作，除了「團結求實、創新高效」的企業精神外，精神口號、標語的提出也是不遺餘力，並編撰了企業文化建設手冊、企業道德建設手冊等材料。然而，由於呼和浩特煙草公司提出的文化理念過多，沒有經過進一步的提煉和系統化，導致許多員工無法瞭解真正最核心的東西是什麼。此外，由於煙草企業的文化必須遵循國家煙草總局的框架，而這個框架經常會發生變動，此時呼和浩特煙草公司又必須提出相應的理念，這樣一來，理念就變得愈來愈多，員工也就更難真正理解公司文化的內涵了。

2．文化制度和實施不夠系統

　　呼和浩特煙草公司的文化建設主要集中在理念層，宣傳工具主要是手冊以及各種各樣的標語。但除了理念層外，配套的特殊制度幾乎沒有，也沒有專門的文化培訓和宣導規劃，使得許多員工儘管知道公司有很多文化理念，卻不曉得該如何運用在日常工作中。

3．和諧與活力的矛盾

　　呼和浩特煙草公司的團結和諧氣氛十分濃厚，員工彼此相處和睦、願意互相幫助，同時員工對公司的投入感和歸屬感也很強。然而在此同時，公司的活力卻顯得不足，創新氛圍不是很濃厚。和諧有餘而活力不足，是呼和浩特煙草公司目前的問題之一。

　　事實上，嚴格的制度也在某種程度上壓抑了員工的活力。呼和浩特煙草公司屬於壟斷性的國有企業，基本上沒有市場競爭的壓力，員工原本就容易產生吃大鍋飯的心理。而國家煙草總局又制定了嚴格的管理制度，其中限制工資基數總額、明定各類員工績效薪酬比例這兩點，使得考核制度的激勵作用難以發揮，員工自然很容易得過且過、不願意投入創新了。

　　針對呼和浩特煙草公司文化建設的現狀及存在的問題，我們提出了幾項對策建議。

　　1. 理念層方面：

　　以國家煙草總局的「兩個至上」（國家利益至上，消費者利益至上）文化框架為准，在呼和浩特煙草公司現有基本精神和理念的基礎上，對眾多的口號、標語、概念進行提煉，形成一套精煉的、容易記憶的、符合呼和浩特煙草公司現狀和戰略規劃的文化體系，其中應該包含經營理念、企業願景、服務理念等在內，形成一套完整的系統，讓員工能迅速瞭解公司文化的精髓是什麼，並能夠運用在日常工作中。

　　2. 制度層方面：

　　在理念層的基礎上，利用一些特殊制度來強化文化的作用，例如設立文化單項獎，獎勵最能體現公司文化的員工；設立企業文化日（與公司日結合）；發掘優秀的典型員工和事蹟，給予表揚和宣導；設立企業文化展室，收集與文化相關的語錄、小故事等。文化制度也是一種非物質的激勵措施，可以用來彌補物質激勵不足的問題，加強員工的活力和投入感。

　　3. 實施方面：

成立企業文化指導小組，各級幹部都要起到文化建設的帶頭作用。加強文化培訓，一級一級地把文化理念貫徹下去。把文化和考核結合，定期考查各部門文化建設的成效，加強文化建設的執行力。

6.2　安莉芳案例研究

6.2.1　安莉芳簡介

安莉芳集團是中國大陸知名的服裝企業，主力產品為女性內衣、睡衣、泳裝等。

安莉芳集團總部位於中國深圳，自 1975 年在開曼群島註冊成立，經過三十多年的經營，已經發展成為一家現代大型企業。本著「紮根香港、北望神州、放眼世界」的業務發展方向，1993 年成立安莉芳(常州)服裝有限公司，目前主要生產線分佈於深圳、常州兩地。

在中國大陸，安莉芳在女性內衣市場銷售量僅次於黛安芬和華歌爾，位居市場第三位、（中國）國產品牌第一的位置。安莉芳集團的零售業務遍及中國包括港澳地區在內 180 多個大中型城市，擁有逾 1,770 個零售點。除了主要品牌安莉芳（Embry Form）外，該集團還擁有「芬狄詩」（Fandecie ）、Comfit、Liza Cheng、E-Bra 等內衣品牌系列。目前其員工總數超過 7000 人。2010 年 12 月，位於上海的安莉芳新總部大樓落成。

然而，目前服裝行業競爭激烈，消費者需求變化快，不但國內競爭者水準日益提高，國外知名品牌也不斷湧入，威脅到安莉芳的市場地位。與此同時，安莉芳的內部管理也出現了很多問題。因此，安莉芳的主要領導人決定從組織文化入手，對內更新員工觀念，提高組織管理水準和組織核心競爭力，對外樹立良好形象，鞏固並提高自己的市場影響力，從而實現組織二次創業。筆者應用本研究成果，對該企業現有文化進行診斷，指出企業文化今後建設方向和方法。

圖 6.5　安莉芳上海新總部大樓

6.2.2 安莉芳文化現狀的研究方法與過程

　　為清晰地瞭解安莉芳的情況，本研究採用實地考察、深度訪談以及問卷調查等方法，對該公司進行了為期一周的全面調查。

　　深度訪談：首先對公司的總監及總監以上共 11 位高層、10 名中層管理者進行深度訪談，對 15 名基層管理者、基層員工進行團體焦點座談。訪談主要圍繞以下內容展開：

（1）企業目前存在的優勢及劣勢；

（2）文化現狀以及傳播文化的措施和傳播效果；

（3）員工對文化的理解及認同情形；

（4）心目中理想的文化是什麼樣的。

問卷調查：採用綜合式的正式調查問卷，包含組織文化類型、文化建設、文化認同度、人際和諧、轉換型領導、組織承諾及離職意向等方面的內容，請該公司的 6 名中層管理者、21 名基層管理者和 21 名普通員工填寫。調查樣本詳細資訊見表 6.3。

實地考察：為更深刻的理解該企業的文化，筆者實地到安莉芳的生產車間參觀 2 個小時，實際瞭解員工的工作狀況和想法。此外也參觀了包含專櫃、專賣店等各種類型的銷售網站，對安莉芳行銷情況有了深刻瞭解。

表 6.3　安莉芳調查樣本資訊

		頻數	百分比	有效百分比
性別	男	15	31.3	31.3
	女	32	66.7	66.7
文化程度	高中/中專/職專	3	6.3	6.3
	大專	19	39.6	39.6
	本科	23	47.9	47.9
	研究生及以上	2	4.2	4.2
職務	中層管理人員	6	12.5	12.5
	基層管理人員	21	43.8	43.8
	其他人員	21	43.8	43.8
在本單位工作時間	1－4年	31	64.6	64.6
	5－9年	9	18.8	18.8
	10－15年	4	8.3	8.3
平均年齡	29.25			

6.2.3　安莉芳文化現狀總體情況分析

1・訪談分析

早在安莉芳剛成立時，儘管還沒有完整的企業文化體系，但安莉芳的創始人就已經提出了「提供需求、創造價值；協調和諧，提高效率；追求卓越，永

無止境」的理念，被稱爲「24K 金」，並要求每位員工都要熟悉這些基本理念。安莉芳創始人鄭敏泰認爲：

我們的企業精神是「追求卓越，永無止境」。我們做事要一絲不苟、精益求精，永不鬆懈。」

「提供需求是我們經營行爲的出發點，創造價值才是我們要達到的目的。我們的產品必須是消費者的需求，不然就沒有價值；我們每個人的勞動或服務不管是對內或對外，也都必須是提供需求，否則也是沒有價值。沒有價值的產品或服務是沒有存在的意義。我想我們每個人都會是一個很有價值的人。這是我們應有的價值觀。

協調和諧是我們管理的出發點，而提高效率才是我們的目的。沒有協調和諧就不可能有好的效率。工作要暢通，不能有「縮頸」。我們每個人都要管理、被管理或自我管理，因此，在言行上就要時刻注意協調和諧，如果我們的言行傷害了協調和諧，那就是犯了錯誤。

從這些談話中可以看出，安莉芳自創始之初就十分重視消費者的需求、產品品質以及創新，可以說，這樣的核心理念在安莉芳的成長和成功中，扮演著不可或缺的角色。此外，安莉芳的核心理念中有「協調和諧，提高效率」的說法，可見該企業十分重視內部的和諧和團結氛圍，並認爲和諧是效率的基石。這種說法也和現在的「和諧社會」理念不謀而合。

然而，隨著外部環境的不斷變化，服裝行業市場競爭的加劇，新品牌的不斷湧現，安莉芳也逐漸浮現一些問題，如市場反應能力變慢，產品推陳出新的速度變慢；機構臃腫，人浮於事，關鍵崗位員工流失；部門間協作不夠，文山會海，效率低下等。

根據訪談記錄，筆者總結出了安莉芳的 8 項優勢和 5 項劣勢。

8 項優勢：

（1）品質優勢：安莉芳的產品和服務具有高度的品質保證，在市場上擁有競爭的本錢，即使和外國品牌相比也並不遜色。

（2）行銷優勢：經過三十多年的耕耘，安莉芳在全國建立起較爲完善的行銷網路，對銷售管道的把握度高，銷售隊伍也十分優秀。

（3）品牌優勢：作爲行業內老字型大小的公司，安莉芳的品牌目前在中國大陸和香港都名列前茅，品牌資產雄厚。

（4）信譽優勢：創始人自始至終都堅持規範經營、嚴守誠信，因此在員工

和消費者之間都樹立了良好的信譽。

（5）人才優勢：該企業有很強的人才培育能力，無論是技術團隊、行銷團隊或是管理幹部，在行業內都是佼佼者。

（6）管理優勢：安莉芳堅持制度化、科學化管理，在行業內率先通過 ISO9001 認證，並導入了資訊管理系統，擁有堅實的科學管理基礎。

（7）領導優勢：安莉芳的創始人德高望重，擁有很強的創新能力和執行力，無論從個人魅力、魄力還是能力來看，都具備強大的影響力，贏得員工的愛戴。

（8）文化優勢：安莉芳很早就提出了號稱「24K 金」的核心理念，以此為基礎形成了相對優秀的文化氛圍，這也是企業成功的關鍵之一。

然而在此同時，安莉芳也存在著 5 項劣勢：

（1）企業老化：經過 30 年的發展，安莉芳也不可避免地出現了許多老化的徵兆，特別是機構臃腫、人浮於事、官僚主義、文山會海、效率低下等，成為進一步發展的障礙；

（2）市場反應及創新速度變緩：儘管安莉芳十分重視消費者需求和市場需求，然而由於服裝行業競爭日趨激烈、環境瞬息萬變，安莉芳也逐漸有些跟不上市場變化的速度了。特別是與一些優秀的競爭對手相比，安莉芳受到企業老化的影響，反應速度偏慢，新產品的開發與上市速度逐漸喪失了優勢；

（3）文化異化：儘管公司很早就提出了「24K 金」核心理念，但在長期發展過程中，公司並沒有圍繞核心理念建立一套系統化、可操作的完善文化體系，因此很多員工不清楚公司真正提倡的是什麼，即使知道，理念也沒有變成員工廣泛的行動，產生文化異化的現象；

（4）人文關懷、人際和諧不足：許多員工反映公司上層是人治成分多，下層對員工的人文關懷卻少。對員工是嚴格的制度管理，很多員工感受不到平等、尊重的氣氛。同時部門間推諉扯皮較嚴重，未能上下一心，以和諧創造效率；

（5）人力資源管理制度化不足：儘管安莉芳培育人才的能力很強，但由於人力資源管理規範程度不夠、人治色彩偏重，導致公司凝聚力下降，吸引、保留核心人才的能力不足，許多關鍵崗位人才流失較嚴重，安莉芳變成了該行業的「黃埔軍校」。

從訪談中，可以總結出安莉芳是一家以層級文化為主，兼有市場導向文化特色的公司，在制度建設、市場意識和產品品質等方面表現優秀。然而由於企業老化，目前存在著公司活力不足、對員工關心不夠、文化認同度不足、對環

境反應速度減慢等問題。

2・文化類型分析

本研究採用 Cameron 和 Quinn（1998）的 OCAI 量表，對安莉芳的文化類型進行了分析。

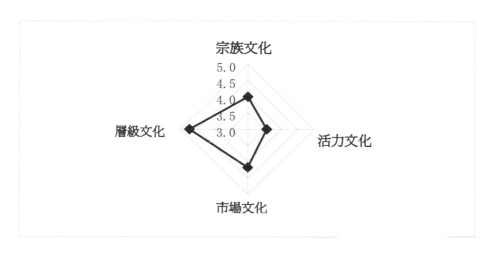

圖 6.6　安莉芳企業文化類型圖

從圖 6.6 中可以看出，安莉芳的主導文化類型是層級文化（4.7 分），同時兼有市場文化（4.2 分）的特質，屬於層級—市場型文化。這與我們訪談結論一致。

但安莉芳的活力文化特質（3.5 分）明顯不足，顯示出公司創新能力較弱，活力較低。事實上，安莉芳剛進入服裝領域時，除了嚴格把關產品及服務品質外，更十分關注消費者需求，產品設計和推陳出新的速度快，因此市場佔有率非常高，並逐步成為行業內的龍頭企業。但近幾年，由於市場環境變化迅速，國內外競爭對手對產品和管理創新的重視程度日益提高，而安莉芳卻還嚴守原本的設計和研發程式，對市場和創新的重視程度已然落在不少競爭對手後面，這導致了企業的市場表現下降。

此外，安莉芳的宗族文化（4.0 分）表現也稍弱，顯示公司對員工的關懷較為不足，人際和諧的氛圍不夠。由於安莉芳是行業的老大，管理體系比競爭對手先進，新員工在這家知名企業工作 2 至 5 年後，一般都能成為該行業各領域的能手，但這些骨幹員工的離職的比例卻非常高，致使安莉芳被戲稱為行業的

「黃埔軍校」；原因就在於公司並不重視員工的成長，對普通員工的尊重和關懷不夠，加上人力資源管理制度不夠規範，增加了員工的離職率。

　　3．員工組織文化認同度分析

　　採用本研究開發的組織文化認同度量表，對安莉芳進行分析。結果發現安莉芳員工對組織文化的認同度屬於中等偏低的程度（滿分為 5 分）。其中社會化層面（4 分）表現較好，顯示員工對企業有不錯的歸屬感。然而認知層面（3.6 分）和情感層面（3.7 分）表現較差，顯示公司的文化並沒有很好地總結性成體系，員工對公司所提倡的文化價值觀一知半解，而員工對公司的工作氛圍、價值觀和形象也比較缺少情感上的投入。

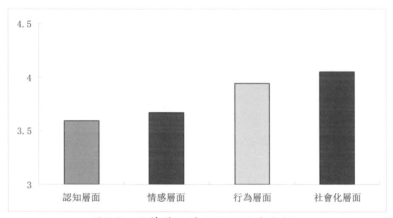

圖6.7　安莉芳組織文化認同度分析

　　為更直觀地描述安莉芳文化哪個環節存在的問題，我們對安莉芳組織文化認同度表現較差的兩個層面：認知層面和情感層面，進行了細化分析。從表 6.4 中可以看出，員工對安莉芳的品牌和形象較為讚賞（3.94），顯見公司數十年來樹立的品牌形象已經深入人心。此外，員工對公司提倡的核心價值觀（3.85 分）、品牌形象和宣傳詞（3.75 分）較為熟悉，代表「24K 金」的核心價值觀和品牌形象都為員工所熟知。然而，員工普遍對與公司的典型人物或事蹟不甚熟悉（3.19 分），也不清楚公司文化的優點和特色（3.46 分），這表示除了 24K 金之外，安莉芳的文化並沒有完全形成一個體系，也比較缺少典型人物或事蹟方面的宣傳，導致員工不太清楚自己公司文化的特點。另外值得注意的是，許多員工並不喜歡公司的工作氛圍（3.29 分），這表明安莉芳對人的關懷及尊重可能存在

不足，這點在下面的組織人際和諧分析中，將會繼續探討。

　　總而言之，從安莉芳的組織文化認同度分析中，可以看出該公司呈現社會化層面和行為層面的認同度較高，認知層面和情感層面的認同度較低的現象，而且整體而言，員工對組織文化的認同度是較低的。從細部分析可以看出，員工對組織的向心力尚可，也願意為文化建設貢獻心力，但卻有點無從著手的感覺；公司的 24K 金核心理念廣為人知，但員工對整體的文化內涵和特色卻不熟悉，而對目前工作氣氛也不太欣賞。

表 6.4　安莉芳組織文化認同度詳細分析

條目	得分
我很讚賞我們公司的品牌和形象	3.94
我清楚地瞭解本公司所提倡的價值觀	3.85
我很熟悉公司的品牌形象和宣傳詞	3.75
我認為公司提倡的價值觀，也是我的做事準則	3.75
我為我們公司的文化感到自豪和光榮	3.73
我清楚地瞭解我們公司文化的內涵	3.71
我非常欣賞我們公司的文化價值觀	3.63
我可以說出本公司文化的優點和特色	3.46
我很喜歡本公司的工作氛圍	3.29
我對公司宣傳的各種典型人物或事蹟很熟悉	3.19

　　公司有很好的核心理念，但卻不能形成一套被員工理解、欣賞並且投入的文化體系，這其中可能的問題有二：一是組織核心理念沒有進行細緻分解和詮釋，更沒有很好的與制度和行為掛鉤，沒有形成完整的文化體系，系統性和可操作性不足；二是文化建設配套措施沒有跟上，比如對公司的核心理念宣傳培訓少，對先進人物的宣傳報導少等。

6.2.4 安莉芳組織人際和諧現狀分析

　　採用本研究自行開發的「組織人際和諧」量表對安莉芳進行調查，結果發

現：

　　（1）整體的人際和諧程度處於中等偏低的水準，總體平均得分為 3.66，而三個維度的人際和諧沒有超過 4 分。這顯示公司內部的和諧氣氛有提高的空間，員工之間的相處不夠融洽，互相體諒、共同解決問題的氣氛不足。這與訪談所得的內容基本吻合，即公司內部對普通員工的尊重、關懷比較不夠。

　　（2）在三個維度中，「整體和諧」的得分最低（3.52 分）。整體和諧表現在不同部門的員工之間是否融洽、溫馨、互相幫助，得分較低顯示出安莉芳部門之間的協作和互動比較不夠，大局觀念和整體意識比較薄弱，這與訪談所得的內容一致，即安莉芳存在部門間協作不足、互相扯皮導致效率下降的現象。

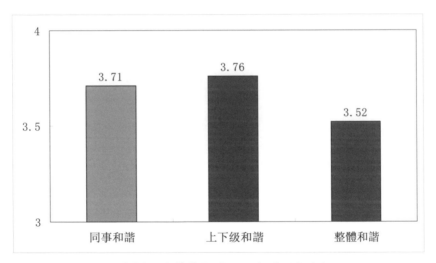

圖6.8　安莉芳組織人際和諧現狀分析

6.2.5 安莉芳組織承諾及離職意向分析

　　本研究採用三維度的組織承諾量表（持續承諾、規範承諾及情感承諾）及離職意向量表來調查安莉芳，各維度得分見圖 6.9。

　　由圖中可以看出，安莉芳員工的組織承諾水準較低，組織承諾的總平均得分為 3.17，而三個維度得分均未超過 3.5。這表示整體而言，員工對公司的歸屬感還有提高的空間。在三個維度中，情感承諾的得分（3.38 分）最高，而持續承諾的得分（2.9 分）最低；情感承諾反映得是員工對組織的歸屬感和感情，而

持續承諾反映的是員工離開組織的機會成本，一定程度上可以代表組織的人力資源管理和福利制度水準。這顯示員工並沒有感覺離開公司會有很大的損失，這表示公司吸引、留住人才的能力有問題，人力資源管理制度可能不夠健全，沒有足夠的誘因把骨幹員工留下。

同樣地，離職意向的得分（2.69 分）稍微偏高，這也顯示員工對安莉芳的忠誠感不是很高，許多人不排斥找尋其他的工作機會。

總體而言，組織承諾和離職意向的分析顯示，安莉芳必須設法改善人力資源管理的水準，增加對員工的關懷和尊重，以提高吸引、保留人才的能力，否則安莉芳將可能繼續作為行業內的「黃埔軍校」，無法留住人才，目前的市場優勢將面對巨大的挑戰。

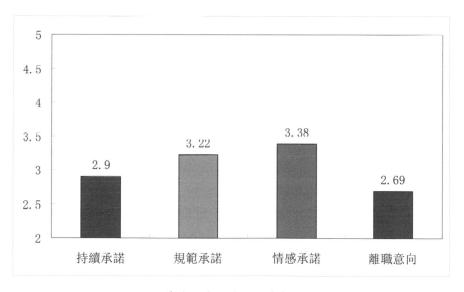

圖 6.9 安莉芳組織承諾及離職意向分析

6.2.6 安莉芳文化建設對策建議

經過上面的調查和分析，基本上可以肯定安莉芳是一家十分優秀的服裝企業，在產品創新、市場行銷、品牌建設及內部管理上均有獨到之處，因此可以持續三十年而不墜。然而，發展到今天，安莉芳在文化建設方面也出現了一些問題：

1．文化體系不完善：

安莉芳的創始人很早就提出「24K 金」的核心理念，這些理念也早就深入人心。然而，安莉芳卻沒有把核心理念細化、系統化地形成一套完整的文化體系，特別是缺少典型人物和事蹟，也沒有足夠的文化培訓和宣傳活動，導致員工不是很清楚公司文化的具體內涵和特色，文化認同度不夠高，也無法很好地按照公司的理念進行操作。

2．制度建設不完善，保留人才能力不足

安莉芳的員工組織承諾不高，特別是持續承諾的得分較低；與此同時，員工的離職意向較高，顯示公司吸引、保留人才的能力有待提高。

事實上，由於安莉芳有悠久的歷史和優良的生產、行銷體系，培養人才的能力很強，但這些培養出來的人才往往跳槽到別的企業，對安莉芳造成直接的衝擊。該如何提高吸引保留人才的能力，這是非常關鍵的一個問題。

3．人際和諧與人文關懷不夠

目前安莉芳處於科學管理的初級階段，在生產上一切按制度、流程辦理，這是保障企業生產正常運作，提高產品品質的關鍵。然而，僅有硬性的管理是不夠的。僅有嚴格的管理，員工感受不到企業對他們的關心，感受不到組織的溫暖，企業缺乏凝聚力，生產效率也就難以提高。對安莉芳人際和諧的調查就發現，該公司人際和諧的氛圍並不高，特別是跨部門的總體和諧得分偏低，顯示安莉芳需要提高人文關懷和互相幫助的氛圍。

僅有流程化、標準化和資訊化是不夠的，還需要人性化的關懷。人性化能補充制度化、資訊化的不足，重視資訊化的同時重視人文關懷，是在提高企業效益的同時強化企業凝聚力的重要保證。

4. 外部競爭壓力加大與內部創新不足的矛盾

外部環境競爭程度越來越高，顧客越來越求新求變，要求安莉芳不斷推陳出新，滿足客戶需求，但安莉芳創新能力被個別競爭對手趕超。

針對安莉芳文化建設的現狀及存在的問題，我們提出了 「兩個繼承」、「三個轉變」的對策建議。

1．兩個繼承

對外繼承市場導向、規範經營，對內繼承制度導向、嚴格管理。即同時繼承並發揚層級文化和市場文化的優勢。

2．三個轉變

（1）從家庭企業變成企業家庭，增強家庭型文化建設。領導要有家長權威，

關心員工發展；員工要對企業忠心，誠實敬業；企業要激勵員工，使企業目標與員工利益一致，關愛員工，公平公正對待員工；管理上，按照法理情的原則，以法管人，以理服人，以情感人；文化上，要營造積極向上的和諧氛圍，充滿激情活力的創業氛圍。

（2）從一次創業到二次創業的轉變，建設獲活力型文化。經過全體員工的共同努力，企業順利地完成了第一次創業，取得在中國市場的領先地位。當前，面臨充滿風險、日趨激烈的市場競爭新環境，企業必須進行二次創業，提高企業創新能力、提倡打破陳規，使安莉芳成爲全球範圍內的優秀企業，實現永續經營。

（3）從科學管理的初級階段到科學管理的高級階段轉變。這是提高組織文化強度的重要手段，也是建設家庭文化、鞏固層級文化的重要舉措。企業管理大致經歷了經驗管理、科學管理和文化管理三個階段，目前安莉芳處於科學管理的初級階段，主要特點是管理的制度化、資訊化基礎堅實，但人性化不足，對人的重視不夠，員工工作是被動的，主動成分很少。科學管理的高級階段是在制度化、資訊化的基礎上，增加人性化，使制度能被更和諧、更自覺的執行，提高效率。

除了上述的繼承和轉變外，爲瞭解決安莉芳員工組織文化認同度不高、特別是認知層面的認同度低下的問題，還需要對企業文化進行通盤的設計和規劃，具體建議如下：

1. 理念層方面：

圍繞「24K 金」的核心理念，規劃出一套包含企業願景、價值觀、經營理念、管理理念、服務理念等在內的，全盤的、完整的文化體系，該文化體系必須符合安莉芳的現狀、需求和戰略規劃，使員工能夠迅速熟悉，並且運用到日常工作中。

2. 制度層方面：

設立企業文化建設的特殊制度，如獎勵資深員工的「員工忠誠獎」、設立各類文化單項獎、管理人員學習制度、企業文化日（與廠慶日結合）。還需要發掘優秀的典型人物和事蹟，給予表揚，以加深員工對文化的理解和認識。

第 7 章 組織文化認同度案例研究（二）：傳媒案例

前面的探索性及實證研究已經表明，員工組織文化認同度對組織認同、離職意向均有顯著的影響，而組織人際和諧也對組織承諾和離職意向起到影響效果。而在第 6 章中，通過對兩家企業的案例分析，也再次驗證了組織文化認同度對企業的重要性，以及變革型領導、組織文化認同度、組織人際和諧等變數之間的交互作用。

然而，報業集團具備和一般企業並非完全相同的特點，例如「事業單位、企業化管理」的管理模式、同時兼顧發行市場和廣告市場的「二元經濟」屬性，以及在滿足社會的資訊需求、意識形態需求和宣傳需求等方面的必要性等。因此，究竟報業集團的組織文化表現如何，組織文化認同度等變數的作用機制在報業集團內是否與其他企業不同等，是需要深入研究的。

本章以海峽兩岸兩家重量級的報業集團為例，闡釋組織文化認同度及人際和諧在報業集團組織中的應用。這兩家企業分別為臺灣的《聯合報》報業集團（以下稱為聯合報），及廣州的《南方都市報》報業集團（以下稱為南方都市報）。

7.1　《聯合報》組織文化案例分析

7.1.1　案例簡介

聯合報系（英語譯名：United Daily News Group）是臺灣主要的中文報業集團之一，以《聯合報》為核心事業，誕生於 1951 年 9 月 16 日。

聯合報事實上是三家報紙合併而成的，故稱「聯合」。1949 年 12 月，由原《臺灣經濟快報》改組而成的《經濟時報》復刊，由於感到當時臺灣公營報

紙獨大，民營報紙在人力、資金等方面均十分缺乏，單打獨鬥極為不易，故於
1951 年 9 月 16 日，該報聯合《全民日報》和《民族報》，發行了《全民日報、
民族報、經濟時報聯合版》，採編工作由原本三報共同出人出力完成，社務由
原《民族報》負責人王惕吾、《經濟時報》負責人范鶴言和《全民日報》負責
人林頂立共同主持，但實質的領導者是王惕吾。這份奇特的聯合版報紙，發行
量卻蒸蒸日上，1953 年 9 月 16 日更名為《全民口報·民族報·經濟時報聯合報》。
直到 1957 年 6 月 20 日才簡化為如今的名字《聯合報》。

圖 7.1　臺灣知名報人、《聯合報》創辦人王惕吾

　　1959 年，《聯合報》搬入位於臺北市康定路的新社址，同年對外宣稱其
年發行量突破 7 萬 5 千份，取代公營的《中央日報》，成為當時臺灣第一大報
紙。這也是臺灣公營報紙和民營報紙之間，勢力此消彼長的關鍵轉捩點。
　　1960 年代是臺灣經濟起飛的時期，也是臺灣報業快速發展的年代。以《聯
合報》為首的民營報紙因為經營靈活加言論相對開放，逐漸把公營報紙拋在後
面。其年發行量在 1961 年突破 10 萬份，1964 年突破 15 萬份，1970 年《聯合
報》發行量已突破 40 萬份，足足比創刊時的 1 萬 2000 份增加了 30 倍以上；而
《聯合報》的員工也增加到 1000 多人，廣告收入在 1971 年達到 7800 萬台幣，

執臺灣報業之牛耳。

在自身業務快速增長的背景下，《聯合報》開始積極開拓多元化市場。由於當時臺灣報紙仍在「報禁」之下，每天報紙篇幅不得超過兩大張（後增為三大張），信息量極為有限；為了更好地發揮傳播效果，《聯合報》在王惕吾主導下，先後於 1961 年創立《現代知識》（後改名《聯合週刊》），1964 年創辦《聯合報》國外航空版。1967 年買下《公論報》，將其改組更名為《經濟日報》，成為臺灣銷路最大的經濟性專業報紙。

1971 年，《聯合報》遷入在臺北市忠孝東路新建的十層報社大樓。1972 年，兩位合夥人範鶴言、林頂立決定出售所持股份，由臺灣「經營之神」——台塑集團創辦人王永慶接手。然而王永慶僅半年後就決定退出，把所有股權轉讓給王惕吾；1974 年，《聯合報》結束長達二十多年的合夥制經營，改組為股份有限公司，王惕吾任董事長。

改組後的《聯合報》發展依然迅猛，1974 年創立聯經出版公司和中國經濟通訊社，1976 年在北美成立《世界日報》，1978 年創辦臺灣第一份生活育樂報紙《民生報》，1981 年創立《聯合月刊》（1988 年改名《歷史月刊》），1982 年在法國創辦《歐洲日報》，成為跨足報紙、雜誌、出版、通訊社的綜合性傳媒集團。其中《世界日報》和《歐洲日報》以美國和歐洲的僑胞和華人為目標讀者，是海外最重要的中文報紙之一。1980 年，《聯合報》對外宣佈發行量突破百萬份。

圖 7.2　1971 年的《聯合報》

　　1987 年 12 月 1 日，臺灣行政院新聞局正式宣告，臺灣於 1988 年 1 月 1 日解除報禁，報業進入百家爭鳴的時期。近年來臺灣報業競爭空前激烈，加上有線電視、互聯網等媒介的衝擊，整體民眾閱報率下降，加上受到《自由時報》、《蘋果日報》等強大的競爭下，《民生報》、《歐洲日報》先後停刊，而《聯合報》的發行量和閱報率也受到打擊，目前其發行量次於《蘋果日報》和《自由時報》，已不復過去之二大報地位。由於利潤逐年下滑，2009 年 12 月，《聯合報》總部搬遷至臺北縣汐止市的聯經出版公司總部，原位於忠孝東路的大樓則拆除，出售土地以換取資金。

圖 7.3 聯合報系位於臺北市忠孝東路的原大樓（現已拆除）

　　2000 年，為了因應互聯網時代的趨勢，《聯合報》成立聯合線上股份有限公司，主要包括「聯合新聞網」和「聯合知識庫」兩事業體，其他並有網路城邦、數位閱讀網、數位版權網等事業。聯合新聞網為《聯合報》集團線上的電子媒體，包括《聯合報》系統除《世界日報》外的新聞，其每日閱讀線民數量占臺灣前三，目前占中文網路電子報的大宗。「聯合知識庫」則為新聞資料庫，完整收錄聯合報系五十年來 1000 萬則的新聞和資料照片，並支持大英百科、商業週刊等資料庫的查詢。

　　目前聯合報集團擁有《聯合報》、《經濟日報》、《聯合晚報》、《世界日報》等報紙，以及聯經出版社、聯合文學出版社、中國經濟通訊社等事業體。目前，儘管《聯合報》的發行量和閱報率均遠不如全盛期，但其影響力和社會重視度仍不容小覷；《聯合報》的發行量目前高居全臺灣所有報紙第三位，僅次於《蘋果日報》和《自由時報》。臺灣最大門戶網站 Yahoo!奇摩公佈的 2010「理想新聞媒體大調查」中，《聯合報》的每日閱讀率為 14.5%，僅次於《蘋果日報》和《自由時報》。此外，雖未能奪下「最理想報紙」寶座，但《聯合報》卻獲得「最佳政治新聞」、「最佳財經新聞」和「最佳國際新聞」三大分類新聞獎項的肯定，同時在「專業度」、「正確性」、「公信力」、「教育功能」、「深度」、「社會關懷」、「國際觀」等七大指標排名第一，顯見《聯合報》仍然擁有相當高的民眾支持度。

7.1.2 量表與抽樣過程

本次調查問卷主要由五部分構成：組織文化類型、組織文化認同度、組織人際和諧、組織承諾、離職意向，以及個人基本資料。

組織文化類型部分，採用Cameron & Quinn的競爭價值觀框架（Competing Values Framework，簡稱CVF），利用兩個主要的維度（靈活性/穩定性和關注內部/關注外部），將企業文化分成四個主要類型：

1. 宗族型（Clan）：像一個大家庭，強調凝聚力、團隊合作和協商。
2. 活力型（Adhocracy）：充滿活力，鼓勵創新、自主和冒險。
3. 層級型（Hierarchy）：非常正式的工作環境，關注的是穩定性和可靠。
4. 市場型（Market）：結果導向。強調在競爭中勝出以及達成目標。

該量表共24題，其中每6題對應一種文化類型。

組織文化認同度部分，採用本研究所編制的組織文化認同度量表(OCIS)，該量表共20題，分為四個維度（認知層面認同度、情感層面認同度、行為層面認同度、社會化層面認同度），各維度定義如下表。該量表內部一致性係數分別為0.79、0.83、0.84和0.73，具備較高的信度。組織人際和諧部分採用本研究所編制的組織人際和諧量表（OIHS），共13題，分別測量同事和諧、上下級和諧以及整體和諧，其內部一致性係數分別為0.90、0.90和0.85。

表7.1　組織文化認同度及各維度定義

組織文化認同度	員工接受組織文化所認可的態度與行為，並且不斷將組織的價值體系與行為規範內化至心靈的程度
認知層面認同度	員工深刻瞭解組織文化的內涵、價值觀、典型人物和事蹟，以及品牌和宣傳詞等
情感層面認同度	員工喜愛組織的文化價值觀、工作氛圍和組織形象等
行為層面認同度	員工願意主動參與文化的建設和宣傳，並且主動維護公司的聲譽和品牌
社會化層面認同度	員工把組織的價值觀、制度和規範內化到自身的程度

組織承諾（Organizational Commitment）是一橫跨管理學和社會學的概念，指員工隨著對組織「單方面投入」增加，產生的一種甘願全身心地參與組織工

作的感情。加拿大學者Meyer和Allen把組織承諾區分爲三個維度：「持續承諾」指員工努力工作是爲了保住自己既有的職位和福利，「情感承諾」指員工對組織存在的感情和忠誠，「規範承諾」則指員工對組織產生了責任感和義務感。這三個維度是目前最被廣泛接受的組織承諾模型。

　　離職意向是指員工在一定時期內變換工作的可能性。許多學者都建議在研究中用離職意向代替實際離職行爲，因爲離職行爲受到很多外在因素的影響，難以預測。

　　本研究在組織承諾部分的測量採用Meyer和Allen 編制的組織承諾量表，該量表共18道題，分爲持續承諾、規範承諾和情感承諾三個維度，離職意向部分的測量採用Michaels和Spector編制的離職意向量表，只有一個維度，6 道題。本研究所採用的量表均爲李克特五點量表，選項由1至5分別爲非常不同意、不同意、不確定、同意和非常同意。

　　作爲臺灣地區曾經的第一大報，儘管現在聯合報的發行量和閱報率退居第三，但仍具備很大影響力，因此本研究選擇聯合報爲調查對象，在一定程度上可以說明臺灣地區報紙從業人員的整體狀況。聯合報系扣除出版事業群以及派駐在外的人員，在臺北市總部的員工總數僅有500人左右，在2009年總部搬遷至臺北汐止後，人員進一步裁減。本研究在2009年10月至12月間，通過該報系人力資源部進行問捲髮放，採用配額抽樣方法，依照各部門的員工比例發放問卷，共發出200份問卷，回收有效問卷164份，有效回收率82%。

7.1.3 數據分析

1. 樣本基本資料

　　164 位受測對象的平均年齡爲 35.5 歲，其中 56%爲女性。59%的人在聯合報系已經工作了 15 年以上。63%的人擁有大學本科以上學歷，其中 11%爲研究生以上的學歷。職位類型方面，27%爲行政後勤部門人員，22%爲行銷、銷售人員，16%爲基層主管，14%爲採編人員。

表 7.2　《聯合報》調查樣本資訊（N=164）

		頻數	百分比	有效百分比
性別	男	64	39.0	39.0
	女	81	49.4	49.4
文化程度	高中/中專/職專	3	6.3	6.3
	大專	19	39.6	39.6
	本科	23	47.9	47.9
	研究生及以上	2	4.2	4.2
職務	中層管理人員	6	12.5	12.5
	基層管理人員	21	43.8	43.8
	其他人員	21	43.8	43.8
在本單位工作時	1－4年	31	64.6	64.6
間	5－9年	9	18.8	18.8
	10－15年	4	8.3	8.3
平均年齡	29.25			

2.　《聯合報》文化類型分析

　　本研究採用 Cameron 和 Quinn（1998）的 OCAI 量表，對《聯合報》的文化類型進行了分析。

表 7.3　《聯合報》文化類型各維度得分

	宗族型	活力型	市場型	層級型
聯合報文化各維度得分	3.34	3.33	3.45	3.55

　　由表 7.3 和圖 7.4 可以看出，《聯合報》具有很明顯的層級型文化特質。這種文化的特點是組織具有非常正式、有層次的工作環境，員工做事通常有章可循。領導以協調者和組織者的形象出現；組織靠正式的規則和政策凝聚員工，關注的長期目標是組織運行的穩定性和有效性。組織的成功意味著可靠的服

務、良好的運行和低成本。重視穩定、規則、服從，以及對成本控制的高度重視是這類型文化的特色。

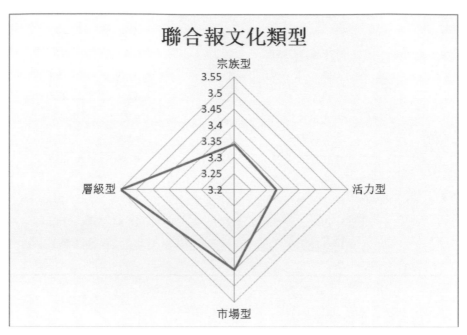

圖 7.4　《聯合報》組織文化類型圖

在臺灣地區，《聯合報》是知名的老牌民營報紙，一向由創辦人家族經營，在經營管理方面較爲保守，至今依然保有文人辦報的傳統。而《聯合報》給予員工的薪酬待遇，在臺灣的傳媒界可說排名前列，同時工作十分穩定，員工只要不犯大錯，一般而言一做就是幾十年，甚至做到退休也沒問題。在過去對《聯合報》員工的訪談中，不少員工也表示「這裏的工作就是穩定」、「待遇不錯，公司也比較受人尊重」。這樣一家老牌、規模較大、具有完整的組織結構和管理體系，並對員工的穩定性和服從要求甚高的報社，具有較高的層級型文化特質，也是可以理解的事。

另一方面，《聯合報》的活力型、宗族型文化得分偏低，這也反映了老牌報業集團的問題。在《聯合報》創始時期，作爲和臺灣《中央日報》、《中華

日報》等公營報紙抗衡的少數民營報紙，《聯合報》靠著較開放的言論、對新科技的掌握以及靈活的經營方式，一路成長，成為臺灣銷量最大的報紙。但在1988 年臺灣「報禁」解除後，新的報紙如雨後春筍般成立，其中如《自由時報》、《蘋果日報》均採用了比《聯合報》更新穎靈活的經營管理模式，特別是《蘋果日報》將香港的傳媒運營方式引入臺灣，對臺灣本土報業集團造成了巨大衝擊。相形之下，已經超過 60 歲的《聯合報》難免顯得創新力度不足、組織較為臃腫而缺乏靈活應變的能力。同時，在創辦人王惕吾在世時期，《聯合報》秉持著文人辦報的傳統，整個報社上下一心，以發揚報社「社會公器」的風範、揭露社會真相為己任，具有高度的團結精神和凝聚力。然而自從創辦人過世後，隨著報社規模不斷擴大，加上社會風氣和傳媒業界本身的轉變，如今的《聯合報》已較為缺乏當年的那種凝聚力和大家庭的感覺。這種內部和諧和凝聚意識的欠缺，也是目前《聯合報》內部管理的問題之一。

3. 《聯合報》組織文化認同度與組織人際和諧分析

　　表 7.4 列出了《聯合報》主要變數（組織文化認同度、組織人際和諧、組織承諾、離職意向）及其各個維度的得分。本研究全部採用李克特 5 點量表，其中由 1 至 5 分別為非常不同意、不同意、不確定、同意和非常同意。因此一般而言，該變數平均得分超過 3，意味著員工對該變數的陳述看法較為正面；平均得分若超過 4，一般而言意味著員工對該變數的陳述看法極為正面。

表 7.4　《聯合報》組織文化認同度、組織人際和諧、組織承諾、離職意向及各維度得分

變量	平均值	標準差
組織文化認同度	**3.66**	**0.49**
認知層面認同度	3.65	0.60
情感層面認同度	3.56	0.61
行為層面認同度	3.71	0.52
社會化層面認同度	3.73	0.57

組織人際和諧	**3.40**	**0.71**
同事和諧	3.52	0.74
上下級和諧	3.27	0.85
整體和諧	3.39	0.76
組織承諾	**3.52**	**0.62**
持續承諾	3.61	0.62
規範承諾	3.38	0.72
情感承諾	3.57	0.76
離職意向	**2.49**	**0.90**

　　由表 7.4 可以看出，《聯合報》在員工的「組織文化認同度」、「組織人際和諧」和「組織承諾」三個變數上得分大致處於中等水準，而「離職意向」得分低於中間值 3，意味著整體而言，《聯合報》員工對組織文化的認同程度較高，感知到的組織人際和諧較高，對組織持續投入的意願也較高，同時在未來一定時間內離職的主觀意願較低。

　　從組織文化認同度四個維度來看，《聯合報》員工在「行為層面認同度」和「社會化層面認同度」兩方面得分較高，意味著《聯合報》員工願意主動維護公司的聲譽和品牌，同時對公司有較高的歸屬感，將公司的價值觀和規範內化為自身的一部分。然而另一方面，認知層面和情感層面表現較差，特別是情感層面表現最低。這顯示公司的文化尚未很好地總結性成體系，員工對公司所提倡的文化價值觀尚處於一知半解，而員工對公司的工作氛圍、價值觀和形象也比較缺少情感上的投入。

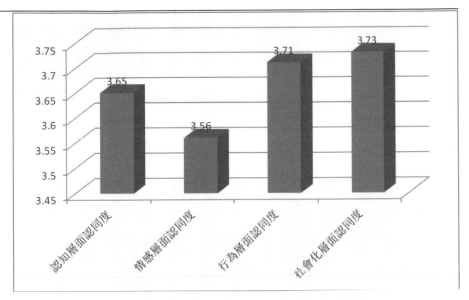

圖 7.5　《聯合報》組織文化認同度各維度得分

　　爲了更直觀地理解《聯合報》員工的組織文化認同度表現，我們將表現較差的認知層面和情感層面進行了細化分析。

表 7.5　《聯合報》組織文化認同度詳細分析

條目	得分
我很讚賞我們公司的品牌和形象	3.69
我清楚地瞭解本公司所提倡的價值觀	3.71
我很熟悉公司的品牌形象和宣傳詞	3.43
我認爲公司提倡的價值觀，也是我的做事準則	3.73
我爲我們公司的文化感到自豪和光榮	3.69
我清楚地瞭解我們公司文化的內涵	3.49
我非常欣賞我們公司的文化價值觀	3.44
我可以說出本公司文化的優點和特色	3.46
我很喜歡本公司的工作氛圍	3.73
我對公司宣傳的各種典型人物或事蹟很熟悉	3.68

　　從表 7.5 中可以看出，相對而言，員工較爲清楚公司所提倡的價值觀（3.71）、認爲該價值觀也是自己的做事準則（3.73），同時表示喜歡公司的工作氛圍（3.73）。然而，員工普遍表示不甚熟悉公司的品牌形象和宣傳詞（3.43）、不瞭解公司文化的內涵（3.49）、不欣賞公司的文化價值觀（3.44），並且往往說不出公司文化的優點和特色（3.46）。顯然，《聯合報》在組織文化的宣傳和教育方面仍存在缺失，導致許多員工依然對公司的文化、品牌和宣傳詞不甚瞭解，也說不出公司文化的優點。

　　總而言之，從《聯合報》的組織文化認同度分析中，可以看出該公司呈現社會化層面和行爲層面的認同度較高，認知層面和情感層面的認同度較低的現象，而且整體而言，員工對組織文化的情感層面認同度是偏低的。從細部分析可以看出，員工對組織的向心力尚可，也願意爲文化建設貢獻心力，但因爲對公司文化不夠瞭解，顯得有點無從著手的感覺。

　　公司有很好的核心理念，但卻不能形成一套被員工理解、欣賞並且投入的文化體系，這其中可能的問題有二：一是組織核心理念沒有進行細緻分解和詮釋，更沒有很好的與制度和行爲掛鉤，沒有形成完整的文化體系，系統性和可操作性不足；二是文化建設配套措施沒有跟上，比如對公司的核心理念宣傳培訓少，對先進人物的宣傳報導少等。

　　接下來，採用本研究自行開發的「組織人際和諧」量表對《聯合報》進行調查，結果發現：

　　（1）整體的人際和諧程度處於中等偏低的水準，總體平均得分爲 3.40，而三個維度的人際和諧沒有超過 4 分。這顯示公司內部的和諧氣氛有提高的空間，員工之間的相處不夠融洽，互相體諒、共同解決問題的氣氛不足。

　　（2）在三個維度中，「上下級和諧」的得分最低（3.27 分），次低的是「整體和諧」（3.39）。「上下級和諧」反映的是同一部門的領導和下屬之間是否互相幫助、互相尊重和關懷，而整體和諧則表現在不同部門的員工之間是否融洽、溫馨、互相幫助。上下級和諧得分較低，顯示出《聯合報》員工和上級之間的關係較爲緊張，難以產生一家人的感覺；而《聯合報》「整體和諧」得分較低，則顯示出《聯合報》各部門之間的協作和互動比較不夠，大局觀念和整體意識比較薄弱。隨著一家企業或報業集團的規模不斷擴大、組織結構日趨複雜，部門和部門間的交往變得較爲間接，彼此變得更像是公事公辦的關係，少了大家庭式的感覺「整體和諧」的得分較低是十分常見的現象。但這顯然對整個組織

的氛圍以及員工情緒是不利的。

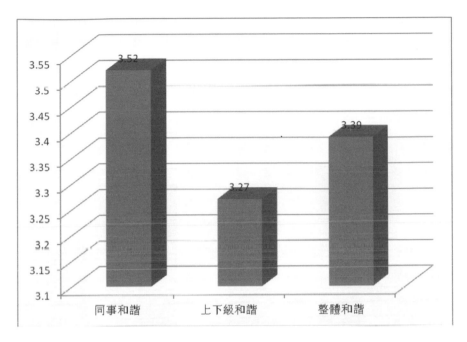

圖 7.6　《聯合報》組織人際和諧各維度得分

4. 《聯合報》組織承諾與離職意向分析

　　本研究採用三維度的組織承諾量表（持續承諾、規範承諾及情感承諾）及離職意向量表來調查《聯合報》，各維度得分見圖 7.7。

　　由圖中可以看出，《聯合報》員工的組織承諾水準大致處於中等偏低水準，組織承諾的總平均得分為 3.52，而三個維度得分均未超過 4。這表示整體而言，員工對公司的歸屬感還有提高的空間。在三個維度中，持續承諾的得分（3.61 分）最高，而規範承諾的得分（3.38 分）最低，情感承諾（3.57）居中。持續承諾反映的是員工離開組織的機會成本，一定程度上可以代表組織的人力資源管理和福利制度水準；規範承諾反映的是員工對組織的道義感、責任感和「主人翁意識」，而情感承諾反映的是員工對組織的歸屬感和感情。以《聯合報》的情況來看，員工對報社的忠誠感，可以說很大程度上源於害怕離開後會找不到更好的工作機會，覺得若是離開公司自己會有很大的損失，這說明《聯合報》

的人力資源制度有值得稱許之處，薪資水準有競爭力；當然，這跟臺灣地區媒體從業人員待遇普遍低下、福利不佳有關，相形之下，老牌報紙《聯合報》在薪酬方面的吸引力顯得較高。但值得注意的是，除了害怕離職後可能出現的損失外，員工對組織的道義感和責任感（即規範承諾）並不高。一定程度上，這意味著員工只是把在《聯合報》的工作當成「一份不錯的工作」、「待遇很好的工作」，而並沒有產生更高層次的歸屬感和責任意識。

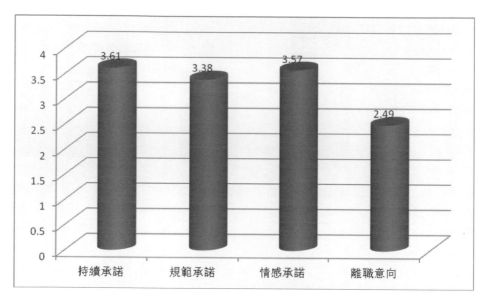

圖 7.7　《聯合報》組織承諾與離職意向維度分析

　　另一方面，《聯合報》員工離職意向的得分（2.49 分）較低，顯示大體而言，《聯合報》員工的忠誠感尚可，並不傾向於離開公司。這對維持報社人員的穩定性是十分有幫助的。

　　總體而言，組織承諾和離職意向的分析顯示，《聯合報》由於較完善的人力資源管理制度、有競爭力的薪酬待遇，人員整體的忠誠感較高，主觀離職意願較低。但由於臺灣媒體環境每況愈下，薪酬待遇愈來愈低，人員的忠誠感很可能受到影響。同時員工的規範承諾水準偏低，說明報社急需提升文化軟實力，用較好的價值觀、氛圍和工作環境來留住員工。

7.1.4　《聯合報》文化建設對策建議

　　經過上面的調查和分析，基本上可以肯定《聯合報》是一家十分優秀的報業集團，有著悠久的經營歷史、較爲完善的制度和相對較好的工作氛圍，因此經歷了臺灣數十年來的政治環境和媒體環境變遷，依然可以穩坐主流報業集團的位置。然而，發展到今天，《聯合報》在文化建設方面也出現了一些問題：

　　1．文化體系不完善：

　　臺灣的報業集團一般而言強調報紙對社會文化的導向和教化作用，但卻並不十分重視報社自身的組織文化建設，《聯合報》也是如此。在我們的組織文化調查中，員工的「認知層面認同度」和「情感層面認同度」得分偏低，這說明《聯合報》很可能尙未把核心理念細化、系統化地形成一套完整的文化體系，特別是缺少典型人物和事蹟，也沒有足夠的文化培訓和宣傳活動，導致員工不是很清楚公司文化的具體內涵和特色，文化認同度不夠高，也無法很好地按照公司的理念進行操作。

　　2．文化活力和大家庭氛圍不足

　　在對《聯合報》文化類型的分析中發現，《聯合報》具有很明顯的層級型文化特質。這種文化的特點是組織具有非常正式、有層次的工作環境，組織靠正式的規則和政策凝聚員工，關注的長期目標是組織運行的穩定性和有效性。重視穩定、規則、服從，以及對成本控制的高度重視是這類型文化的特色。許多公家機關、大型事業單位以及老牌傳統企業都有這樣的文化特質，好處是強調穩定、低風險和高度控制，不容易犯錯。

　　然而在國外的組織文化研究中，一般認爲傳媒應該具有一定的活力和創新精神，因爲傳媒並不只是企業，更具有社會公器的屬性，應該以揭露社會真相、報導民眾所應該知道的事情、導正社會風氣爲己任，而不能太過因循保守、只強調穩定。從這方面來說，已經超過 60 歲的《聯合報》已經顯得有點創新力度不足、組織較爲臃腫而缺乏靈活應變的能力。同時，如今的《聯合報》已較爲缺乏當年的那種凝聚力和大家庭的感覺，這種內部和諧和凝聚意識的欠缺，也是目前《聯合報》內部管理的問題之一。

　　或許正因爲活力和大家庭式的氛圍不夠，我們對《聯合報》員工組織承諾

的分析顯示，員工對報社的忠誠很大程度上是由於害怕離職後的損失（持續承諾），而非對組織的感情（情感承諾）或道義感、責任感（規範承諾）。

3．人際和諧與人文關懷不夠

在對《聯合報》組織人際和諧的分析中，我們發現同事和諧較高，上下級和諧與整體和諧得分則偏低，特別是上下級和諧得分僅有 3.27。這說明《聯合報》存在一定程度上的管理制度僵化、上下級關係不佳，同時部門與部門之間的溝通協調不足等問題。顯然，《聯合報》需要提高人文關懷和互相幫助的氛圍，特別是上下級之間的溝通和互助氛圍需要改善。

僅有流程化、標準化和資訊化是不夠的，還需要人性化的關懷。人性化能補充制度化、資訊化的不足，重視資訊化的同時重視人文關懷，是在提高企業效益的同時強化企業凝聚力的重要保證。

針對《聯合報》組織文化建設的現狀及存在的問題，我們提出了如下的對策建議。

1．繼往開來，優化文化建設

對外繼承市場導向、規範經營、重視成本和穩定等優點，對內繼承制度導向、嚴格管理。但同時也需要強化員工的主人翁意識、大家庭氛圍，以及重視活力創新等對報社而言有利的文化特點。

此外，目前《聯合報》的文化建設存在不足，員工對報社的認同感不低，也願意主動維護報社的品牌和聲譽。但問題在於，由於認知層面和情感層面的文化認同度不高，員工很多時候可能不太清楚報社強調的文化價值觀是什麼，報社的品牌價值與核心競爭力又何在。在「不知其所以然」的情況下，員工的組織文化認同難免有隔靴搔癢、無從使力之歎。

因此，《聯合報》應該緊抓組織文化建設。在理念層面，圍繞報社的核心理念，規劃出一套包含企業願景、價值觀、經營理念、管理理念、服務理念等在內的，全盤的、完整的文化體系，該文化體系必須符合《聯合報》的現狀、需求和戰略規劃，使員工能夠迅速熟悉，並且運用到日常工作中。而在制度行為層方面，設立企業文化建設的特殊制度，如獎勵資深員工的「員工忠誠獎」、設立各類文化單項獎、管理人員學習制度、企業文化日等。還需要發掘優秀的典型人物和事蹟，給予表揚，以加深員工對文化的理解和認識。

2. 從家族企業到企業家庭，強化組織人際和諧，提升員工向心力

　　宗族型的企業文化可以說是眾多東亞企業（特別是日本企業）成功之本，在大家庭式的氛圍和管理環境之下，員工能夠感覺到家庭似的溫暖與關懷，更願意為組織傾盡所有、將自身和組織視為不可分割的整體，向心力、忠誠度、工作積極性都會有所提高。而目前《聯合報》除了宗族型文化得分偏低外，上下級和諧與總體和諧得分較低、員工規範承諾不足均是其主要問題，因此，報社領導應該重拾老報人創業時期的精神風範，增強組織的大家庭氛圍和內部凝聚意識。

　　領導要有家長權威，關心員工發展；員工要對報社忠心，誠實敬業；報社要激勵員工，使企業目標與員工利益一致，關愛員工，公平公正對待員工；管理上，按照法理情的原則，以法管人，以理服人，以情感人；文化上，要營造積極向上的和諧氛圍，充滿激情活力的創業氛圍。特別是上下級之間的關係，對整個報社而言尤其重要。曾有西方國家的研究表明，員工願意留在組織工作的原因五花八門，但若是員工不願意留下來工作，其中「與上級關係不睦」往往是重要原因。因此，報社應該對各級管理者進行培訓，讓管理者懂得溝通、傾聽、關懷與激勵員工，讓管理者和被管理者的關係變得和諧，改善員工的工作氛圍和上下級關係，進而提升整個報社的凝聚力與工作效能。

7.2　《南方都市報》組織文化案例分析

7.2.1　案例簡介

　　《南方都市報》（簡稱「南都」，英文名 Southern Metropolis Daily）是中國知名的都市類報紙，屬於南方報業傳媒集團旗下，於 1995 年 3 月起試刊，1997年 1 月 1 日正式創刊，是面向廣東省珠三角地區的群眾所創辦的四開綜合類日報。《南方都市報》發行範圍覆蓋廣東省，為珠三角地區影響力最大的報紙。目前總部在廣州。報紙版面大小四開，每天版面平均在 100 版以上。

　　根據 2010 年 8 月 16 日世界報業與新聞工作者協會在巴黎發佈的「2010 年世界日報發行量前 100 名排行榜」，《南方都市報》發行量達 140 萬份，排名世界第 30 位、中國第 7 位、廣東省第 3 位。另外根據世界品牌實驗室最新的 2010年《中國 500 最具價值品牌》排行榜，《南方都市報》排名第 181 位，在所有傳媒品牌中排行第 16，其品牌價值達到 48.17 億元。2006 和 2007 年，新聞出版

總署發佈了全國晚報都市類報紙競爭力檢測結果，《南方都市報》連續兩年名列競爭力第 1 名。

圖 7.8　《南方都市報》大樓

　　《南方都市報》的口號是「辦中國最好的報紙」，目前每年廣告收益在 20 億元左右，現有員工 4000 多人。《南方都市報》以廣州爲根據地，逐步拓展深圳、東莞、佛山、江門，中山、清遠、珠海、惠州等城市，現在，《南方都市報》已全面覆蓋珠三角地區，成爲該地區發行量較大和最具爭議性的媒體。《南方都市報》誕生在中國改革開放的最前沿，並迅速侵蝕了改革開放的窗口——廣州和深圳。《南方都市報》在這兩個城市的發行量占總發行量的 70%以上，具有舉足輕重的影響力。2002 年 4 月，《南方都市報》開始向東莞擴張，在較短的時間內搶佔了部分市場份額。《南方都市報》的領導班子平均 32 歲，採編人員平均 27 歲。擁有中國報業最年輕的領導班子，最優秀的辦報人才，最富有活力的機制，最有勃勃生機的企業文化。《南方都市》報已經成爲中國報業發行量全國第 7、廣東第 3 的報業品牌，正朝著「辦中國最好的報紙」的目標昂首挺進。

圖 7.9　《南方都市報》創刊號

　　在讀者方面，根據調查，《南方都市報》的讀者以 25-44 歲 、高等學歷、社會精英階層及白領爲主；其中 25-44 歲的中青年讀者合計占 78%，社會精英階層和白領讀者比例爲 59%，他們構成了《南方都市報》讀者的主體。這些人群通常年富力強，消費欲望和購買力均較強，是絕大多數消費市場中的主流消費群體。此外，在《南方都市報》25-44 歲讀者中，互聯網的日到達率爲 61.4%，平均每日上網時間達到 102 分鐘，均高於廣州 25-44 歲居民總體中的相應比例。表明《南方都市報》的主流讀者對於互聯網的接觸度較深，通過這群「報網複

合受眾」而將影響力滲透至線民中。另一方面，根據報紙的閱讀頻率得出的讀者忠誠度數據顯示：《南方都市報》讀者的忠誠度高達 93.6%。這說明《南方都市報》具有十分穩固的讀者群，這對該報的發行和廣告收入而言均有較大的優勢。

儘管《南方都市報》發行範圍大體而言僅限廣東地區，但基於其知名度、發行量和品牌價值，在全中國範圍都具有一定影響力。因此選擇《南方都市報》作為分析對象，有助於我們管窺中國新興都市報媒體乃至於整體紙媒的組織文化、組織人際和諧、員工行為等方面的表現。

7.2.2 量表與抽樣過程

本次調查問卷依然主要由五部分構成：組織文化類型、組織文化認同度、組織人際和諧、組織承諾、離職意向，以及個人基本資料。

組織文化類型部分，採用Cameron & Quinn的競爭價值觀框架（Competing Values Framework，簡稱CVF），將企業文化分成四個主要類型：宗族型（Clan）、活力型（Adhocracy）、層級型（Hierarchy）、市場型（Market）。該量表共24題，其中每6題對應一種文化類型。

組織文化認同度部分，採用本研究所編制的組織文化認同度量表(OCIS)，該量表共20題，分為四個維度（認知層面認同度、情感層面認同度、行為層面認同度、社會化層面認同度）。組織人際和諧部分採用本研究所編制的組織人際和諧量表（OIHS），共13題，分別測量同事和諧、上下級和諧以及整體和諧。

組織承諾（Organizational Commitment）的測量採用Meyer和Allen 編制的組織承諾量表，共18道題，分為持續承諾、規範承諾和情感承諾三個維度，離職意向部分的測量採用Michaels和Spector編制的離職意向量表，只有一個維度，6 道題。本研究所採用的量表均為李克特五點量表，選項由1至5分別為非常不同意、不同意、不確定、同意和非常同意。

儘管《南方都市報》發行範圍僅限廣東地區，但基於其知名度、發行量和品牌價值，在全中國範圍都具有一定影響力。因此選擇《南方都市報》作為分析對象，有助於管窺中國市場化報紙的領導力表現和影響。

本研究通過《南方都市報》人力資源部，在該報內部辦公OA系統中發放問卷，期間為2010年4月至5月，共回收142份，其中有效問卷135份。

7.2.3 數據分析

1. 樣本基本資料

　　在樣本的基本情況方面，135位有效受測對象當中，有52.6%爲男性，其中有64.6%的人在《南方都市報》工作了5年以上，工作超過10年的也達到20.8%。此外，在整個報紙產業工作超過5年的達到70.2%，超過10年的也有33.6%；可見受測對象不僅平均工作經驗較豐富，在《南方都市報》也擁有一定年資，能夠有效回答關於組織內部氛圍和組織行爲方面的問題。在教育程度方面，95.5%的人擁有大專以上學歷，本科以上的也占到68.8%。職位類型方面則分佈較廣，24.6%爲採編人員，20.1%爲行政、人事等幕僚人員，14.9%爲銷售和行銷人員，另外中、基層主管的比例也達到了16.4%。

2. 《南方都市報》文化類型分析

　　本研究採用 Cameron 和 Quinn（1998）的 OCAI 量表，對《南方都市報》的文化類型進行了分析。

表 7.6　《南方都市報》文化類型各維度得分

	宗族型	活力型	市場型	層級型
南方都市報文化各維度得分	3.21	3.59	3.59	3.40

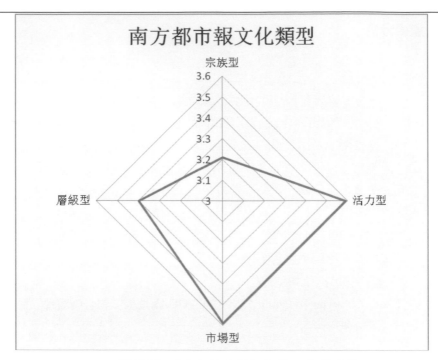

圖 7.10　《南方都市報》組織文化類型圖

　　由表 7.6 和圖 7.10 可以看出，《南方都市報》具有很明顯的「活力型文化」和「市場型文化」雙重文化特質，二者得分同爲 3.59。活力型文化意味著組織是充滿活力的、有創造性的工作環境；人們勇於爭先、冒險；領導以革新者和敢於冒險的形象出現；企業靠不斷實驗和革新來凝聚員工，強調位於領先位置；企業的成功意味著獲取獨特的產品或服務，鼓勵個體的主動性和自主權。

　　而另一方面，市場型文化則是一種純粹結果導向的文化，人們之間富於競爭力，以目標爲導向；領導以推動者和競爭者的形象出現；企業靠強調勝出來凝聚員工，關心聲譽和成功，關注的長期目標，是富於競爭性的活動，和對可度量目標的實現；企業的成功意味著高市場份額和市場領導地位。

　　可以說，「活力型—市場型」雙重文化特質，是相當符合《南方都市報》的文化內涵的。《南方都市報》自創刊以來，一直以敢言、敢做、敢於爭先的作風聞名於業界，其報導風格直率而活潑，不僅報導讀者想看的內容，更勇於報導一些具有爭議性的話題，以其直言不諱的作風而頗得市場好評，甚至多次

被港澳乃至國外媒體轉載。

　　此外，《南方都市報》在經營方面也頗具創新精神。如 2009 年，當時的南方報業傳媒集團社長楊興鋒提出：在媒介融合趨勢下，南方報業傳媒集團要想真正做強做大做優，從單一媒體、單一品種的運作轉為多媒體、全媒體的運作，就必須建立全媒體的生產能力，形成全介質的傳播能力和提高全方位的經營能力，向全媒體集團轉型。據此，《南方都市報》在 2009 年提出構建「南都全媒體集群」，希望從內容、形態、管道、影響等方面達到全面覆蓋、全面接觸、全面影響的目標，這在中國報業經營當中是極大的創新。

　　不過需要注意的是，《南方都市報》的宗族型文化得分偏低，僅有 3.21。宗族型文化特色是友好的工作環境。人們之間相互溝通，像一個大家庭；領導以導師甚至父親的形象出現；企業靠忠誠或傳統凝聚員工，強調凝聚力、士氣，重視關注客戶和員工，鼓勵團隊合作、參與和協商；企業的成功意味著人力資源得到發展。《南方都市報》宗族型文化得分低，意味著整個報社較為缺乏大家庭式的氛圍，員工的凝聚力和忠誠感欠佳，這也許是《南方都市報》組織文化層面上的一個隱憂。事實上，隨著報社規模不斷擴大，加上社會風氣和傳媒業界本身的轉變，如今的大型報業集團已經較難維持那種一體化的凝聚力和大家庭的感覺，對於員工人數多達 4000 人以上的《南方都市報》而言更是如此。此外，管理學家彼得.德魯克（Peter F・Drucker）的學說，知識型員工（knowledge workers）的特點之一就是專業承諾（professional commitment）往往大於組織承諾（organizational commitment），也就是說員工忠於自己的職業，願意全身心地投入自己認為有意義的工作中，但卻未必會始終忠於某個特定的組織。無疑，根據定義，報業集團的採編人員是具有知識型員工特點的，這或許也是《南方都市報》文化氛圍當中較缺乏宗族型文化的原因之一。但無論如何，這種內部和諧和凝聚意識的欠缺，也是目前《南方都市報》內部管理的問題之一。事實上在針對《南方都市報》高層的訪談中，也有人提到報社確實缺乏一種大家庭式的氛圍和凝聚力，由於制度、人員構成等方面的原因，員工都很有活力、有競爭意識和創新精神，但對報社卻少了一點歸屬感和凝聚力，這也為報社的育人和留人，造成了一定困難。

　　圖 7.11 比較了《聯合報》和《南方都市報》的文化類型維度，可以明顯看出《南方都市報》在「活力型」與「市場型」兩方面顯著高於《聯合報》，而「宗族型」與「層級型」兩方面則要低於《聯合報》。

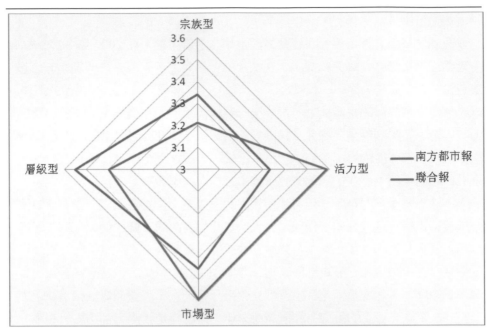

圖 7.11　《聯合報》與《南方都市報》文化維度比較

3. 《南方都市報》組織文化認同度與組織人際和諧分析

表 7.7 列出了《南方都市報》主要變數（組織文化認同度、組織人際和諧、組織承諾、離職意向）及其各個維度的得分。本研究全部採用李克特 5 點量表，其中由 1 至 5 分別爲非常不同意、不同意、不確定、同意和非常同意。因此一般而言，該變數平均得分超過 3，意味著員工對該變數的陳述看法較爲正面；平均得分若超過 4，一般而言意味著員工對該變數的陳述看法極爲正面。

表 7.7　《南方都市報》組織文化認同度、組織人際和諧、組織承諾、離職意向及各維度得分

變數	平均值	標準差
組織文化認同度	**3.69**	**0.52**
認知層面認同度	3.67	0.57
情感層面認同度	3.66	0.63

行為層面認同度	3.84	0.61
社會化層面認同度	3.60	0.72
組織人際和諧	**3.40**	**0.69**
同事和諧	3.43	0.76
上下級和諧	3.29	0.88
整體和諧	3.49	0.75
組織承諾	**3.27**	**0.62**
持續承諾	3.26	0.65
規範承諾	3.13	0.76
情感承諾	3.43	0.75
離職意向	**2.97**	**0.73**

由表 7.7 可以看出，《南方都市報》在員工的「組織文化認同度」、「組織人際和諧」和「組織承諾」三個變數上得分大致處於中等水準，其中「組織承諾」明顯偏低。而「離職意向」得分卻僅僅略低於中間值 3。意味著整體而言，雖然《南方都市報》員工對組織文化的認同程度較高，感知到的組織人際和諧也較高，但其對組織持續投入的意願和忠誠感卻僅僅在中等水準。而在離職意向方面，考慮到中國員工在回答關於離職傾向方面的問題時會相對保守，2.97 的離職意向得分很可能意味著《南方都市報》員工並不排斥尋找其他的工作機會。

表 7.8 《聯合報》及《南方都市報》主要變數比較

變數	《聯合報》	《南方都市報》
組織文化認同度	**3.66**	**3.69**
組織人際和諧	**3.40**	**3.40**
組織承諾	**3.52**	**3.27**
離職意向	**2.49**	**2.97**

根據表 7.8，從組織文化認同度四個維度來看，《南方都市報》除了整體組織文化認同度較高外，員工在「行為層面認同度」維度的得分最高（3.84），意

味著《南方都市報》員工比較願意主動維護公司的聲譽和品牌，而同時「認知層面認同度」（3.67）和「情感層面認同度」（3.66）得分也處於中等略高的水準，說明《南方都市報》的組織文化建設已經有了一定成效，報社的文化在一定程度上有了較完整的體系，員工對報社的價值觀、行為準則、品牌形象等有較好的認識，同時也較為喜歡這樣的文化，對報社的工作氛圍、價值觀和形象等有較多情感上的投入。

事實上，南方報業傳媒集團原本就較為重視自身文化的建設，在中國眾多報業集團當中屬於文化塑造較為成熟的。例如南方報業傳媒集團前董事長范以錦，就曾經在《南方報業戰略》一書提到：「一張成功的報紙，一家成功的報業集團，它的企業文化必定有自己的獨到之處，神奇之處……如果說南方報業的企業文化有什麼特點，那就是更加包容，更加理性，更加注重創新開拓。寬鬆和諧的內部關係，激發了南方報人對事業執著的理想和狂熱的激情，在一個開放式的氛圍裏，一個開放式的平臺上，強烈的社會責任感與專業精神得到最大限度的啓動與迸發。」

而曾任《南方日報》社長、南方報業傳媒集團董事長的楊興鋒，也曾專門做過題為「媒體企業文化與社會責任」的演講，他表示：「眾所周知，媒體是一個企業組織，也是一個社會組織。因此，媒體的企業文化與一般的企業相比較具既有共性，也有個性。同時對每一個媒體，特別是成功的媒體企業來說，都有其獨特之處。我認為，媒體企業文化源於對民族文化的傳承和發展，是媒體在進行新聞報導和經營管理的實踐中，逐步形成的為全體員工所認同並且實踐的帶有媒體特點的宗旨、使命、願景、價值觀和經營理念，以及這些理念在傳播以生產經營實踐、管理制度、員工道德行為方式以企業形象的綜合的體現。」他並且把南方報業傳媒集團的文化總結為四個主題詞，分別是「擔當」「創新」、「包容」、「卓越」。

在擔當、創新、包容、卓越的核心價值觀驅使下，《南方都市報》員工對報社的文化有了較清楚的認識，對報社的品牌價值和形象也有較高的認同感，並且大多數員工都喜歡這樣的文化，這樣的認同和喜愛，無疑是《南方都市報》的寶貴資產。然而值得注意的是，「社會化層面認同度」得分偏低（3.60），顯見員工雖然喜愛《南方都市報》的文化，卻未必會因此產生較高的歸屬感，或是將公司的價值觀和規範內化為自身的一部分，這是《南方都市報》文化建設方面的一項隱憂。

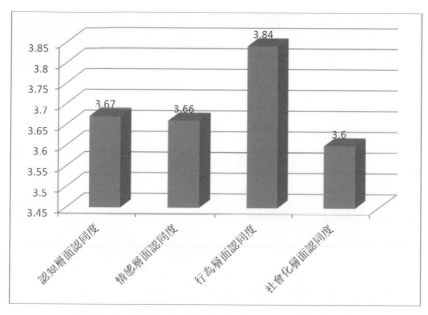

圖 7.12　《南方都市報》組織文化認同度各維度得分

　　為了更直觀地理解《南方都市報》員工的組織文化認同度表現，我們將該量表的所有題目進行了細化分析。

　　從下表 7.9 可以看出，《南方都市報》員工大多表示很熟悉報社的品牌形象和宣傳詞（4.03 分），很讚賞報社的品牌和形象（3.93 分），願意為報社的文化建設奉獻心力（4.01 分），會對外主動宣傳報社的品牌及形象（3.89 分），並且會主動維護報社的品牌和形象（3.96），這些都說明了《南方都市報》的組織文化建設和品牌建設做得較為到位，員工對報社的文化和品牌表示瞭解和讚賞，並且願意主動參與到報社的文化建設當中。

　　然而在「社會化層面認同度」方面，員工並不覺得自己與報社有共同的目標，共同成長（3.56 分），並不把報社當成自己的家（3.37 分），這可能表明雖然《南方都市報》的文化建設已經初見成效，但基於各方面的內、外部原因，員工仍然難以產生和報社融為一體、將報社當作自己的家的感覺，換句話說，在文化建設的「社會化」工作方面，仍有做不到位之處。

表 7.9　《南方都市報》組織文化認同度細化分析

維度	條目	得分
認知層面	我清楚地瞭解本公司企業文化的內涵	3.52
	我可以說出本公司企業文化的優點和特色	3.58
	我對公司宣傳的各種典型人物或事蹟很熟悉	3.49
	我很熟悉本公司的品牌形象和宣傳詞	4.03
	我清楚地瞭解本公司所提倡的價值觀	3.74
情感層面	我非常欣賞我們公司宣導的文化價值觀	3.55
	我認為公司提倡的價值觀，正是我做事的基本準則	3.49
	我很喜歡本公司的工作氛圍	3.50
	我很讚賞我們公司的品牌和形象	3.93
	我為我們公司的文化感到自豪和光榮	3.81
行為層面	我願意為我們公司的文化建設奉獻心力	4.01
	我會對外主動宣傳本公司的品牌及形象	3.89
	我積極地為公司的各種文化活動出謀劃策	3.58
	我積極地參與公司的文化活動	3.78
	我會主動地維護公司的品牌和形象	3.96
社會化層面	我認為自己與公司是命運共同體	3.60
	我覺得自己與公司有著共同的目標，共同成長	3.56
	我把公司當作自己的家	3.37
	我自覺遵守公司的一切制度和規範	3.87
	我的穿著與言談舉止，都努力與公司文化的要求相一致	3.59

　　總而言之，從《南方都市報》的組織文化認同度分析中，可以看出該報社呈現行為層面認同度最高，認知層面和情感層面認同度中等偏高，但社會化層面

認同度卻偏低的現象，與《聯合報》的例子截然不同。這說明《南方都市報》的文化建設已經初見成效，員工對報社的文化、價值觀和品牌形象較爲熟悉，喜愛這樣的文化，更重要的是願意爲報社的文化和品牌建設奉獻心力；然而矛盾的是，這樣的認同卻沒有上升到使員工和報社融爲一體，將報社當作自己的家的程度。一方面，這可能意味著報社的文化建設配套措施還沒有完善，例如僅重視核心文化與品牌理念的宣傳，少了制度、行爲規範等層面的支撐；另一方面，也可能是由於其他內、外部因素，導致員工對報社的整體認同感和歸屬感難以再上一個臺階。

接下來，採用本研究自行開發的「組織人際和諧」量表對《南方都市報》進行調查，結果發現：

（1）整體的人際和諧程度處於中等偏低的水準，總體平均得分爲 3.40，而三個維度的人際和諧沒有超過 4 分。這顯示公司內部的和諧氣氛有提高的空間，員工之間的相處不夠融洽，互相體諒、共同解決問題的氣氛不足。

（2）在三個維度中，「上下級和諧」的得分最低（3.29 分），而「同事和諧」（3.43 分）與「整體和諧」（3.49）得分稍高。「上下級和諧」反映的是同一部門的領導和下屬之間是否互相幫助、互相尊重和關懷，上下級和諧得分較低，顯示出《南方都市報》員工和上級之間的關係較爲緊張，難以產生一家人的感覺。

另一方面，同事和諧反映的是同一部門的員工之間彼此互助、互相信任和融洽的關係，而整體和諧則表現在不同部門的員工之間是否融洽、溫馨、互相幫助。而《南方都市報》呈現出「整體和諧」得分高於「同事和諧」的有趣現象，可能說明在報社組織文化和品牌建設的耳濡目染下，不同部門間相互寬容、相互幫助的氛圍較好。但「同事和諧」的得分不算高，則意味著同一部門的員工間關係還有繼續改善的空間。

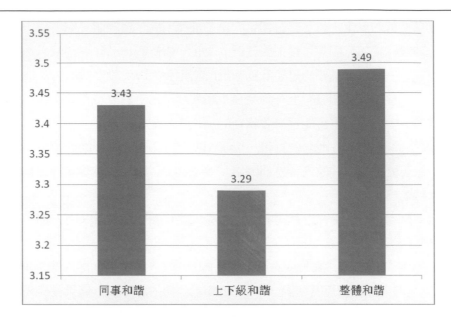

圖 7.13　《南方都市報》組織人際和諧各維度得分

4. 《南方都市報》組織承諾與離職意向分析

　　本研究採用三維度的組織承諾量表（持續承諾、規範承諾及情感承諾）及離職意向量表來調查《南方都市報》，各維度得分見圖 7.14。

　　由圖 7.14 中可以看出，《南方都市報》員工的組織承諾水準大致處於中等偏低水準，組織承諾的總平均得分僅為 3.27，而三個維度得分均未超過 3.5。這表示整體而言，員工對報社的歸屬感和忠誠感略顯不足，還有提高的空間。在三個維度中，情感承諾的得分（3.43 分）最高，而規範承諾的得分（3.13 分）最低，持續承諾（3.26）居中。情感承諾反映的是員工對組織的主觀認同感和感情投入，規範承諾反映的是員工對組織的道義感、責任感和「主人翁意識」，而持續承諾反映的是員工離開組織的機會成本，一定程度上可以代表組織的人力資源管理和福利制度水準。

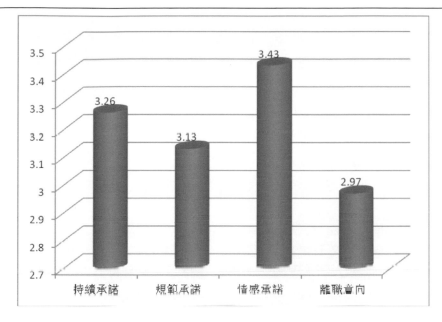

圖 7.14　《南方都市報》組織承諾與離職意向維度分析

　　以《南方都市報》的情況來看，員工對報社的忠誠感可以說並不高，他們喜歡這家報社，喜歡這裏的文化和做事氛圍。然而這種喜愛卻沒有上升到責任感和歸屬的程度（即規範承諾不高），並不認為報社的事就是自己的事，在很大程度上並沒有把自己和報社這條大船綁在一起；同時，持續承諾意味着報社員工很可能對薪酬、福利、工作條件等並不滿意，因此並不覺得離開報社後自己會難以找到更好的工作，簡而言之，就是《南方都市報》員工離職的「機會成本」並不高。

　　當然，這很可能與傳媒行業相對於其他行業的福利待遇水準並不算頂尖有關，隨着中國經濟高速發展，各行各業優秀技術或管理人才的待遇都是水漲船高，特別是在金融、地產、資訊技術、互聯網等領域更是如此；相形之下，報業由於受制於體制因素，無論薪酬抑或福利方面的自由度均無法跟其他新興產業相比，當然報業自身的利潤水準也無法跟金融、保險、地產、壟斷型國企等領域相媲美，因此即使《南方都市報》的待遇在報業當中已經處於前沿水準，但跟其他更賺錢的行業相比，依然缺乏足夠的競爭力。過去就有不少《南方都市報》的管理層跳槽到互聯網、零售、金融等行業後，薪酬瞬間翻了幾倍的情

況，以至於南方報業集團一度被戲稱爲業界的「黃埔軍校」。既然員工離開報社並不會有太大的損失，甚至有可能找到待遇更好的工作，員工的持續承諾和規範承諾水準偏低，也就不難理解了。

另一方面，《南方都市報》員工離職意向的得分（2.97 分）偏高，僅僅稍低於中間值（3 分），考慮到中國員工在填寫關於離職傾向的問題時，會回答地較爲保守，這個值很可能還是低估了的。換句話說，《南方都市報》員工其實並不排斥尋找其他的工作機會。結合前面對組織承諾的分析可以看出，由於離開報社的機會成本並不高，甚至很有可能找到更理想、待遇更好的工作，因此員工的離職意向相對較高。報社花費很大力氣來培養員工，並以良好的文化和品牌價值觀來薰陶員工，但到頭來員工的忠誠感和歸屬感卻並不高，主觀離職意願偏高，這顯然對報社高層而言是不得不重視的問題。除了盡可能改善人力資源制度，提升薪酬福利水準外，也應該持續提升文化軟實力，用較好的價值觀、氛圍和工作環境來留住員工。

7.2.4　《南方都市報》文化建設對策建議

經過上面的調查和分析，基本上可以肯定《南方都市報》是一家十分優秀的報業集團，有著悠久的經營歷史、良好的工作氛圍，在業界有著優秀的口碑與優良的品牌形象，也有一支高素質、充滿活力與創新精神的員工隊伍。因此創刊至今短短十幾年，就在中國都市報界樹立了極高的威望，成爲中國都市報的代表品牌，其發行量和廣告收益也始終高居全中國報紙的前幾位。

然而，發展到今天，《南方都市報》在文化建設和組織氛圍方面也出現了一些問題：

1‧文化理念強大，但制度尚不完善：

《南方都市報》一向十分重視自身價值觀和品牌形象的塑造及宣傳，《南方都市報》能夠在中國競爭激烈的都市報行業中佔據制高點，文化的力量功不可沒。然而，從調研中可以看到，《南方都市報》員工對報社的行爲層面文化認同度高，認知層面和情感層面認同度中等，社會化層面卻偏低。同時從各個條目來仔細分析（見下表），會發現在認知層面中，員工對報社的品牌形象和宣傳詞很熟悉，也瞭解報社提倡的價值觀，但在對報社文化內涵的瞭解（3.52 分）及報社的典型人物或事蹟（3.49 分）等方面的得分卻略低。

維度	條目	得分
認知層面	我清楚地瞭解本公司企業文化的內涵	3.52
	我可以說出本公司企業文化的優點和特色	3.58
	我對公司宣傳的各種典型人物或事蹟很熟悉	3.49
	我很熟悉本公司的品牌形象和宣傳詞	4.03
	我清楚地瞭解本公司所提倡的價值觀	3.74

　　換句話說，我們可以認為《南方都市報》的文化建設在中國報紙產業當中走在了較為領先的位置，對於核心價值觀和品牌的宣傳已經十分到位。然而另一方面，員工雖然熟悉報社的品牌形象、宣傳詞和價值觀，但卻並不那麼熟悉報社文化的整體內涵以及典型人物、事蹟，這也許代表《南方都市報》的文化體系尚不是非常完備，事實上，除了前董事長范以錦、楊興鋒等人所說過的幾個南方報業集團文化關鍵字外，其企業哲學、企業作風、企業道德、管理觀等其他配套的文化體系尚不是十分規範，和其他產業的頂尖企業有些已經建立起全方位、立體化的文化價值觀體系比較起來，《南方都市報》只能說是在業內頂尖，和其他產業比較起來則尚有可進一步完善之處。

　　另一方面，《南方都市報》的社會化層面文化認同度得分最低，說明員工並沒有感覺和報社融為一體，也沒有將報社當作自己的家，歸屬感和忠誠感尚待提升。一方面，這可能意味著報社的文化建設配套措施還沒有完善，例如僅重視核心文化與品牌理念的宣傳，少了制度、行為規範等層面的支撐；另一方面，也可能是由於其他內、外部因素，導致員工對報社的整體認同感和歸屬感難以再上一個臺階。

　　2・活力四射，但缺乏大家庭式的溫暖

　　在對《南方都市報》文化類型的分析中發現，《南方都市報》具有較高的「活力型」和「市場型」文化屬性，顯見員工敢於爭先、勇於創新，務實進取、追求卓越，這與廣東這塊土地講究實幹、不談虛妄的氛圍有關，也和都市報這類報刊的屬性有關。但無論如何，正是這種講究績效、活力與進取的文化，幫助《南方都市報》取得了如今這樣驕人的成績。

　　不過需要注意的是，《南方都市報》的宗族型文化得分偏低，僅有 3.21 分。宗族型文化特色是友好的工作環境。人們之間相互溝通，像一個大家庭；領導

以導師甚至父親的形象出現；企業靠忠誠或傳統凝聚員工，強調凝聚力、士氣，重視關注客戶和員工，鼓勵團隊合作，參與和協商；企業的成功意味著人力資源得到發展。《南方都市報》宗族型文化得分低，意味著整個報社較為缺乏大家庭式的氛圍，員工的凝聚力和忠誠感難以提高，這也許是《南方都市報》組織文化層面上的一個隱憂。事實上在針對《南方都市報》高層的訪談中，也有人提到報社確實缺乏一種大家庭式的氛圍和凝聚力，由於制度、人員構成等方面的原因，員工都很有活力、有競爭意識和創新精神，但對報社卻少了一點歸屬感和凝聚力，這也為報社的育人和留人，造成了一定困難。

對一家都市類報刊而言，員工之間有活力四射、積極進取的文化氛圍，無疑是對報社極為有利的，同時也符合國外學者對傳媒組織文化的看法。然而，宗族型文化氛圍的欠缺，意味著員工的凝聚力、向心力和忠誠感較差，並不會把自己視為報社這個大家庭的一份子；對員工而言，在這裏的工作僅僅是一份工作，而不一定是歸屬感和滿足感的來源。這樣一來，員工缺乏對《南方都市報》的責任感和道義感，離職的機會成本降低，長此以往，報社育人、留人的難度會愈來愈高，人力資源管理成本恐怕也將居高不下。

3．組織承諾水準低，離職意向偏高

與上一條相呼應，在對《南方都市報》員工組織承諾和離職意向的調研中，發現員工的組織承諾水準偏低，特別是「規範承諾」和「持續承諾」過低，而離職意向卻偏高。簡而言之，《南方都市報》員工對報社很喜愛，也欣賞這裏的文化和工作氛圍，但很可能對工資、福利待遇和工作條件不甚滿意，同時對報社的喜愛也沒有上升到責任感和道義感的地步。因此，對員工來說，在《南方都市報》的忠誠度並不是很高，離職的機會成本並不高，如果外面有較好的機會，員工很可能會跳槽。對於報社而言，員工的忠誠度低、離職意向高，意味著人才流動率較高，報社留人和培育人才的成本將居高不下。

針對《南方都市報》組織文化建設的現狀及存在的問題，我們提出了如下的對策建議。

1．繼續強化文化建設，落地生根

《南方都市報》文化當中的活力和市場意識，是報社在市場競爭中勝出的本錢，這樣的有點應該延續下去。但同時，也需要強化員工的主人翁意識、大家庭氛圍，並且借鑒層級式文化的特點，加強報社內部的穩定性，強化制度建

設和保障，給予員工安穩、安心、安全的感覺。

此外，從調研中可知，目前《南方都市報》雖然有了一定的組織文化基礎，但在文化建設方面還存在欠缺，主要體現在文化體系不完整，以及理念和制度、行為規範並不配套等情況。雖然文化理念是整個組織文化系統的核心，但也需要眾多配套措施（如人力資源措施、薪酬、考核制度、培訓制度、企業風俗、員工守則…）的配合，才能落地生根，真正讓員工理解、遵從，進而將組織文化融入為自身的價值觀。

因此，《南方都市報》還應該繼續緊抓組織文化建設。在理念層面，圍繞報社的核心理念，規劃出一套包含企業願景、價值觀、經營理念、管理理念、服務理念等在內的，全盤的、完整的文化體系，該文化體系必須符合《南方都市報》的現狀、需求和戰略規劃，使員工能夠迅速熟悉，並且運用到日常工作中。而在制度行為層方面，設立企業文化建設的特殊制度，如獎勵資深員工的「員工忠誠獎」、設立各類文化單項獎、管理人員學習制度、企業文化日（與廠慶日結合）。還需要發掘優秀的典型人物和事蹟，給予表揚，以加深員工對文化的理解和認識。組織文化僅僅依靠口號宣傳是不夠的，組織文化，代表的是組織全體員工在長期發展過程中，所培育形成並共同遵守的最高目標、價值觀念、基本信念和行為規範，唯有方方面面都建設到位，並從生活、工作的每一個細節逐步滲透到員工心靈當中，文化才能真正起到作用。

2. 以制度為本，以文化為媒，提升員工的凝聚力和忠誠感

《南方都市報》文化的顯著特點是活力型、市場型文化突出，但宗族型文化得分偏低。事實上，宗族型的企業文化可以說是眾多東亞企業（特別是日本企業）成功之本，在大家庭式的氛圍和管理環境之下，員工能夠感覺到家庭似的溫暖與關懷，更願意為組織傾盡所有、將自身和組織視為不可分割的整體，向心力、忠誠度、工作積極性都會有所提高。而缺乏宗族型的文化氛圍，使得《南方都市報》不容易把報社視為大家庭，更難以把自己視為報社不可分割的一份子。

而除了宗族型文化得分低外，《南方都市報》還有上下級和諧得分低、員工組織承諾低下（特別是持續承諾）以及離職意向偏高等問題。這些問題歸結起來，可以說就是員工沒有和報社融為一體的感覺，在這裏沒有真正的歸屬感。既然員工的專業承諾大於組織承諾，對員工而言，在外面有更好機會時，離開《南方都市報》擇良木而棲，也並非不可接受之事。

　　因此，《南方都市報》除了在人力資源制度方面需要做出改革，盡可能提升員工的薪資水準與福利待遇，並強化管理制度的公平和公開性，以提升員工的持續承諾（也就是提高員工離開報社的機會成本）外，也可以從文化方面入手，增強組織的大家庭氛圍和內部凝聚意識。

　　馬斯洛的需要層次理論中，在滿足了低層次的「生理需要」和「安全需要」後，人會逐漸晉升到更高層次的「愛與歸屬」、「自尊」乃至於「自我實現」等需要層次。換句話說，要充分激勵員工，必須從制度面（物質、環境、薪酬待遇等）和文化面一起著手。一方面改善員工的待遇和福利，另一方面營造出積極向上的和諧氛圍，充滿溫暖和關懷的大家庭意識。特別是上下級之間的關係，對整個報社而言尤其重要。如前所述，西方國家的研究表明，若是員工不願意留在組織工作，其中「與上級關係不睦」往往是重要原因。因此，報社應該一方面對各級管理者展開培訓，提升管理者溝通、傾聽、理解和鼓勵員工的能力，改善上下級關係；另一方面從文化建設入手，塑造出和諧尊重、團結一致、溫暖關懷的文化氛圍，讓員工感到在報社的工作不只是一份工作，更是一份開心、受重視、備受關心的工作，當他們覺得自己已經徹底融入報社，成為這個大家庭的一份子時，員工的組織承諾自然提高，不會再輕言離職，工作的積極性和責任感也會穩步提升。這樣一來，報社的管理成本得以降低，整體的工作效率和效能卻會有長足的進步。

第 8 章　結論與建議

本研究對組織文化認同、組織人際和諧進行了一系列深入的探討。除了建立這兩個概念的結構模型、編制出相應的量表外，並以定量研究方法探索了組織文化認同、組織人際和諧與變革型領導、組織承諾、離職意向等變數之間的關係。以下重點回顧本研究的主要研究工作和結論，提出本研究主要的創新點所在，並指出研究的不足之處，以及今後可行的研究方向。

8.1 主要研究工作和結論

21 世紀最重要的是人才，而文化是凝聚人心、促使員工往共同目標奮鬥的重要工具，因此，許多人都指出 21 世紀也是文化制勝的時代。

然而，組織文化理論發展至今，儘管已經有許多論述說明文化對組織績效、管理效能、員工行為的影響，但對於如何提高員工的文化認同度，目前的實證研究成果還比較少。由於文化最終是作用在員工身上的，唯有多數員工所認同、信任並遵守的文化，才能發揮應有的作用。因此，以科學的方法測量員工的文化認同度，並研究文化認同度與其他組織變數的關係，是具有理論和實踐意義的。

本研究的主要貢獻，就在於利用嚴謹、科學的方法建立了組織文化認同度的概念結構及測量工具，並驗證了組織文化認同度與其他組織變數的關係，最後並建立了變革型領導通過組織人際和諧、組織文化認同度而影響組織承諾、離職意向的過程模型。

本研究的次要貢獻，則在於考察了組織文化認同度和組織人際和諧等概念對傳媒集團的意義及作用，並利用科學化的組織文化研究工具，對《聯合報》和《南方都市報》兩家報業集團進行了實證調研，實際驗證了兩家報業集團的

組織文化認同度、人際和諧、組織承諾及離職意向等方面的表現，這對傳媒學界和實務界均有實際意義。

8.1.1　主要研究工作

本書的研究工作包含探索性研究、驗證性研究、案例研究和報業集團研究等四部分。

1. 探索性研究

（1）深度訪談與文獻提取。為了瞭解組織文化認同度的內涵與影響機制，作者按照規範的定性研究方法，對10家企業、52名中層以上的管理者進行了深度訪談或開放式問卷調研，獲得大量有關組織文化認同的第一手資料；此外並以文獻提取的方式，從期刊、書籍和各類網站上搜集與組織文化認同有關的段落，共獲得了300多條與組織文化認同有關的原始語句。

（2）編碼與量表設計。按照紮根理論的思想，由3位碩士以上學歷成員組成的小組，對300多條原始語句進行了分類和提煉，形成了標準化的陳述語句，並初步建立了組織文化認同度的概念結構。接著，請5位人力資源與組織行為學界的教授專家、5位相關專業的博士生對提煉的成果進行審核和討論。根據專家的意見調整了組織文化認同度的測量維度。此外，根據專家意見，又提取出了「組織人際和諧」這一新概念，並建立了相應的概念結構。最後根據紮根理論和專家討論的結果，編制出組織文化認同度和組織人際和諧的初步量表。

（3）預測試與量表修訂。以MBA、EMBA學生為抽樣群體，收集了117份預測試樣本，採用探索性因子分析方法，初步檢驗了量表的結構，對部分維度進行調整，最後完成了組織文化認同度、組織人際和諧正式量表的編制。

2. 實證研究

（1）組織文化認同度、組織人際和諧結構驗證。進行了大樣本的實證研究，從8家企業收集了480份有效樣本，樣本有效回收率96%。以問卷調查的資料為基礎，對組織文化認同度、組織人際和諧進行了驗證性因子分析，確立了組織文化認同度的二階四因子結構，以及組織人際和諧的二階三因子結構。

（2）組織文化認同度、組織人際和諧與變革型領導、組織承諾、離職意向的實證分析。用單因素方差分析檢驗了不同工作年資、年齡的員工在組織文化認同度上的差異；用線性回歸分析驗證了組織人際和諧對組織文化認同度的影

響；變革型領導對組織人際和諧、組織文化認同度的影響；及組織文化認同度
對組織承諾、離職意向的影響。用偏相關分析及結構方程模型，驗證了變革型
領導通過組織文化認同度影響組織承諾、離職意向的過程模型，及組織人際和
諧通過組織文化認同度影響組織承諾、離職意向的過程模型。

3. 案例研究

以一家國有煙草企業及一家民營服裝企業為對象，採用本研究開發的組織
文化認同度、組織人際和諧測量量表，對兩家企業的文化建設現狀及和諧氣氛
進行了分析診斷，指出該企業文化的優勢、劣勢及原因，最後並提出了文化建
設的具體建議。

4. 報業集團研究

選擇了兩岸有代表性的報業集團——臺灣《聯合報》和廣州《南方都市報》
作為案例，採用本研究開發的組織文化認同度、組織人際和諧量表，結合組織
文化類型、組織承諾、離職意向等量表，對兩家報業集團的文化建設現狀、和
諧氣氛、員工組織承諾等方面進行了分析，詳細指出了兩家報業集團的文化優、
劣勢及其原因，並提出了具體的對策建議。

8.1.2 主要研究結論

1. 通過嚴謹、科學的定性和定量研究發現，組織文化認同度可以用認知層
面認同度、情感層面認同度、行為層面認同度及社會化層面認同度四個維度來
解釋，並且這四個維度從屬於一個二階的潛變數。員工對組織文化的認同情形，
可以由這四個維度的得分來判斷。

2. 同樣通過定性和定量結合的方法，發現組織人際和諧可以依照對象的不
同區分為同事和諧、上下級和諧、整體和諧三個維度，且三個維度從屬於一個
二階的潛變數。組織內部的和諧氣氛，可以通過這三個維度的得分來加以判斷。

3. 通過實證研究發現，組織文化認同度對組織承諾、離職意向有影響；而
組織人際和諧不僅對組織文化認同度有影響，還會通過組織文化認同度而影響
組織承諾、離職意向。這說明想要提高員工對組織的歸屬感、投入感和責任意
識，降低離職率，加強文化建設、提高員工的文化認同程度，是可行的措施。
同時，組織內的和諧氛圍也會影響到員工對組織價值觀的接受和內化程度，進
而影響到員工的投入感和離職意向，因此企業在進行文化建設的同時，培養組

織內部的和諧氣氛也是十分重要的。

4. 同樣通過實證研究發現，變革型領導對組織文化認同度、組織人際和諧有顯著影響；同時變革型領導會通過組織人際和諧與組織文化認同度，而影響組織承諾和離職意向。這不但再次驗證了變革型領導對組織效能的作用，也對變革型領導的作用機制有了深一層的認識。

5. 年資較深、年齡較大的員工，對組織文化的認同度較高，而教育程度對組織文化認同度沒有顯著影響。這可能說明在公司待得越久、社會歷練越豐富的員工，越容易理解並接受公司的價值觀和規範。

6. 通過對《聯合報》和《南方都市報》兩家報業集團的實證研究，證明了本研究所開發的研究量表，如組織文化認同度量表（OCIS）、組織人際和諧量表（OIHS）等，同樣適用於對傳媒的研究。此外，通過對兩家報業集團的實證研究，發現兩家集團在組織文化、文化認同、人際和諧、組織承諾等方面，均存在某些方面的不足，並據此提出了改進建議。

8.2 主要研究結果討論

（一）組織文化認同度之維度與結構討論

本研究發現，組織文化認同度可以由認知層面、情感層面、行為層面和社會化層面四個維度來解釋。其中，認知層面指的是員工對組織文化的認識和理解程度；情感層面指的是員工喜愛、欣賞組織文化的程度；行為層面是員工以實際行動推動、支持文化的程度；而社會化層面則是員工把組織的價值觀和規範內化到自己心靈的程度。

過去對於組織文化認同的實證研究較少，但在組織認同或文化認同的文獻中，也有不少學者作出了類似的維度區分。例如，Dick（2004）的組織認同量表將組織認同區分為認知、情感、評價和行為四個層面；其中，「認知」是指員工對從屬於一個組織的知覺，「情感」指員工對組織的歸屬感和情感依賴，「評價」指員工個人價值觀與組織價值觀的匹配情形，而「行為」則指員工以實際行動支持組織的程度。經過比較，可以發現其中的認知、情感、行為三個維度，與本研究開發的「組織文化認同度量表」的認知、情感、行為維度是相似的，而「評價」維度是指價值觀方面的匹配，在本研究中被歸屬到了「情感」維度，

因為就文化認同度而言，員工「喜愛」組織價值觀的程度，和感到價值觀「匹配」的程度實際上是同一個維度的內容，都屬於情感層面。

另一方面，在人類學領域的文化認同研究中，也有學者依照心理學的認知原則，把文化認同分為認知的、情感的、知覺的和行為的四個維度（陳月娥，1986；劉明峰，2006）。其中的認知、情感、行為三維度，和本研究的「組織文化認同度量表」三個維度也是近似的；而「知覺」維度指的是個人喜愛該文化團體的感覺，屬於一種情感上的歸屬，因此在本研究中被歸類為情感層面。

另外一些人類學研究（Dehylc，1992；陳枝烈，1997）把文化認同區分為文化投入、文化歸屬和文化統合三個維度。其中文化投入是以實際行動支持文化發展的程度，文化歸屬是指個人隸屬於某一文化團體、喜愛該團體的感覺，文化統合則是指個人能夠把不同的文化（主流文化、少數族群文化、次文化等）加以融合並適應的程度。經過分析和比較，可以發現「文化歸屬」兼具情感層面和認知層面的內容，「文化投入」屬於行為層面，而「文化統合」屬於人類學領域的概念，在組織中，員工並不需要面對多種文化的衝擊和碰撞，因此文化統合這一維度並不適用於組織文化認同研究。

經過上面的比較，可以發現本研究的組織文化認同度四個維度中，認知、情感、行為三個維度都和現有的研究結果是一致的。而組織文化認同度的第四個維度：社會化層面，主要指的是員工把組織的價值觀、理念和行為規範等不斷內化到自己心靈的程度，這與另外三個維度皆不相同，

事實上，文化認同本來就應該包含把文化價值觀內化到心靈的這一過程，人類學領域對文化認同的定義即是「個人接受某一族群文化所認可的態度與行為，並且不斷將該文化之價值體系與行為規範內化至心靈的過程」(卓石能，2002；陳枝烈，1997；譚光鼎、湯仁燕，1993)，其中特別提到了把文化價值體系和行為規範內化到心靈這一過程。然而，過去對文化認同或組織認同的維度區分，卻沒有考慮到內化或社會化這一層面；因此，本研究把社會化層面這一維度加入，具備邏輯上的正當性。

此外，社會化層面這一維度也具有一定的中國特色。由於中國的文化較傾向集體主義，員工容易把自己視為整個組織的一部分，和組織共存共榮、共同成長。換句話說，員工在組織文化認同的過程中，不但會認識、喜愛組織的文化，更會把組織所提倡的價值觀和規範內化到自己的心靈，並且會由此而產生與組織休戚與共、命運相連的感覺。

　　總之，本研究通過嚴謹、科學的方法，把組織文化認同度區分為認知、情感、行為和社會化四個層面，不但與過去其他學者的研究有所呼應，更在既有研究的基礎上更進了一步，對文化認同的概括和解釋更加完善。

　　（二）組織人際和諧之維度與結構討論

　　本研究發現，組織人際和諧可以由同事和諧、上下級和諧、整體和諧三個維度來解釋。其中同事和諧是指同一部門的同事之間存在的和諧氛圍，上下級和諧就是直屬上司與下屬間的和諧氛圍，而整體和諧則是指不分部門、所有員工之間都存在的和諧關係。可以看出，這主要是基於人際關係對象而做的一種區分。

　　雖然人際和諧一向是中國文化的主要內涵之一，但過去相關的實證研究較少。大部分的研究及論述都把和諧視為單一維度的概念，例如Jason、Reichler與King等人（2001）認為「和諧」是構成智慧的五個重要因子之一；印度學者Misra、Suvasini和Srivastava（2000）則把和諧視為東方文明傳統智慧觀的一個維度。

　　臺灣學者黃囉莉（1999）採用規範的心理學研究方法，把人際和諧氛圍兩大類：實性和諧（真正的和諧、表裏如一的和諧）和虛性和諧（貌合神離），以下又分別包含了三種不同類型的和諧，她並且對這六類人際和諧的情緒表現、人際導向和轉化機制做了深入地研究。然而，她仍然把人際和諧視為單一維度的變數，只不過這個維度包含了六種不同的和諧類型而已。

　　事實上，儒家思想本就提倡依照不同的身分和地位來區分人際關係。例如《論語・顏淵篇》提到「君君臣臣，父父子子」，就表明了基於自身地位和對方地位的不同，在待人處事上要遵循不同的原則。因此，依照對象的不同來區分人際和諧的維度，是與儒家的傳統思想吻合的。

　　在本研究發現的組織人際和諧三個維度中，同事和諧是指同一個部門員工之間的和諧。由於同一部門的同事之間互動最頻繁，也最需要齊心協力完成工作，因此同事間的和諧氣氛非常重要。上下級和諧是直屬上司和下屬之間的和諧、體諒和互助氣氛，由於直屬上級經常是每個員工接觸最多的人，而上級是否能夠體諒、關懷下級，往往直接關係到下級的工作滿意度和對組織的忠誠感，因此上下級和諧也是不可或缺的。

　　而整體和諧則涵蓋了同事和諧、上下級和諧以外的一切人際關係。隨著市場競爭的加劇和環境的變化，越來越多的企業試圖打破傳統的部門分界，強調跨部門的合作和資訊共用，這樣才能加快市場反應速度、提高組織的綜效，以

應付來自市場和競爭對手的壓力。因此，組織內部的人際和諧，絕不能僅是部門內部的和諧，還必須包括部門與部門之間的和諧，以及所有員工之間的總體和諧氣氛。

總之，本研究發現的組織人際和諧三個維度，可以說涵蓋了組織內部全部的人際關係。本研究不但成功地深化了人際和諧的研究探索，也把現代管理思想和儒家的古典思想加以聯繫起來，並為現代企業建立和諧組織提供了良好的指引。

（三）組織文化認同度、組織人際和諧、組織承諾與離職意向關係討論

本研究發現，組織文化認同度對組織承諾有正向影響，對離職意向則有負向影響；而組織人際和諧不但對組織文化認同度有影響，而且會通過組織文化認同度而影響組織承諾及離職意向。

組織承諾和離職意向都是組織效能的重要衡量指標。因為組織承諾代表員工對組織的投入感、情感聯繫和責任感等，而離職意向則可以在一定意義上代表員工對組織的忠誠感。擁有高度投入、高度支持組織，並且不會輕言離職的員工，是每個組織都希望的；同時，員工的整體投入感和責任意識愈強，也愈有可能創造出實際的效益。因此，如何提高員工的組織承諾、降低員工的離職意向，可以說是所有組織共同的課題。

而組織文化建設的最終目的，其實也就是通過凝聚員工共識、提高員工對組織文化的向心力，而提升組織的整體效能。然而，過去由於缺乏組織文化認同度的測量工具，因此到底文化建設對於提升組織效能到底有多少助益，並沒有太多的研究說明。在人與組織匹配（P-O-Fit）的研究方面，有研究表明個人與組織在價值觀上愈投契，組織承諾會愈高，也愈不容易離職（Chatman，1991）。然而人與組織匹配只是認知層面的概念，員工跟組織在價值觀上表現一致，並不代表一定會認同組織的文化，也不一定會在實際行動上支持組織的文化建設。因此，人與組織匹配的研究，還不足以說明組織文化建設與組織效能的關係。

本研究則在開發出組織文化認同度量表的基礎上，以實證研究方法證明了組織文化認同度與組織承諾存在正相關，與離職意向存在負相關。這就以更直接的方式證明了，員工愈是認同組織的文化，就愈可能高度投入到組織當中，對組織有情感上的歸屬，也愈不可能輕易離職。

換句話說，組織文化建設確實有其必要性。因為文化建設的主要目標，就

是在員工間建立起價值觀上的共識，使員工高度認同組織的文化理念體系。既然組織文化認同度會影響到組織承諾和離職意向，這就間接證明了組織文化建設與組織效能的關係。文化建設愈成功，員工的投入感和向心力就愈強，也就愈可能帶來組織的效益。

另一方面，本研究還證實了組織人際和諧與組織文化認同度有關，而且組織人際和諧會通過文化認同度而影響組織承諾及離職意向。

當組織內部的和諧氣氛比較良好，員工之間願意互相支持、互相體諒，同時上下級之間以及不同部門之間都存在這樣的和諧氛圍時，員工的工作情緒必然有所提高，也會比較容易適應組織的工作環境和文化氛圍。因此，組織人際和諧是有助於提高員工的組織文化認同度的。

而組織人際和諧與組織效能的相關研究雖然不多，但也已經有研究證實人際和諧有助於提高組織承諾、工作滿意度和個人工作績效（鍾昆原、王錦堂，2002）。而本研究則進一步證明了組織人際和諧會通過組織文化認同度的中介作用，而影響到員工的組織承諾和離職意向；這使我們對組織人際和諧的作用機制有了深一層的認識。因此，在公司內部建立一種融洽、互相支持、互相體諒的氛圍，並且無論是否同一部門，都應鼓勵互助合作、互相幫忙的和諧氣氛，這對現代企業是十分重要的。

另外，由於組織人際和諧是一種員工對組織氛圍的感知，而組織文化認同度、組織承諾、離職意向都是個人層面的態度，因此，當員工感知到組織內的高度人際和諧氛圍時，首先會表現在對組織文化的認同和投入上，繼而通過這種文化認同度的提高，而進一步提升員工對組織的向心力和投入感，並降低員工離職的可能。

（四）變革型領導與組織文化認同度的中介作用討論

本研究發現變革型領導對組織文化認同度、組織人際和諧有顯著影響；同時通過偏相關分析和結構方程模型發現，變革型領導會通過組織人際和諧與組織文化認同度的中介作用，而影響到組織承諾和離職意向。

變革型領導是目前領導學研究的熱點之一，眾多研究都表明了，變革型領導對組織效能有顯著的影響（Bass et al.，2003； Geyer& Steyrer，1998等）。然而，變革型領導的具體作用機制，以及其中涉及的中介變數，目前還不是十分清楚。

目前國內已經有學者對變革型領導的作用機制進行了研究，發現心理授權

（李超平、田寶、時勘，2006；吳志明、武欣，2007）在變革型領導的作用過程中起到了中介作用。另外也有研究表明，人際和諧在變革型領導對領導效能的影響中，扮演著中介變數的角色（鍾昆原，2002）。

本研究除了進一步證實了組織人際和諧對變革型領導的中介作用外，也發現了組織文化認同度同樣在變革型領導的作用過程中，起到了中介變數的作用；這使我們對變革型領導的影響機制有了更深入的認識。

變革型領導者能夠憑藉自己的個人魅力和魄力，為員工勾勒未來的願景，激發出員工內在的動力和個人的潛力，達到超乎預期的成就。在這個過程中，由於變革型領導重視團隊建設和凝聚，使員工精誠團結，自然而然也就能夠提高組織的人際和諧氣氛；而變革型領導塑造願景、激發員工潛能的做法，也有助於使員工對組織更有向心力，對組織的價值觀更加認同。而通過改善人際和諧、提高員工的文化認同度這兩點，變革型領導也得以提升組織的效能，使員工願意高度投入到組織中，對組織有忠誠感和責任感，願意為組織創造更大的效益。

8.3　主要創新點

8.3.1　理論創新

1. 以嚴謹、規範的方法，建立了組織文化認同度的概念結構及測量工具

組織文化是作用在員工身上的，因此如何衡量員工對組織文化的認同程度，是組織文化研究的重要課題。然而，目前學術界卻缺少直接測量員工組織文化認同度的工具；過去對組織文化認同的測量，通常是透過分別測量員工的價值觀與組織的價值觀，分析兩者的差異而得到的，或是把文化認同視為組織認同的一部分。然而組織文化認同畢竟是個人的主觀感受，採用間接的方法難免會有偏差，而組織認同的概念又過於寬廣，難以精准把握住員工對組織文化的認同情形。

本研究通過規範的紮根理論方法，發現組織文化認同度可以由認知、情感、行為和社會化四個維度來解釋，並且建立了由這四個維度所構成的組織文化認同度量表。本研究接著以大樣本的實證資料，驗證了該量表的信度和效度。

組織文化認同度量表可以用來直接而精確地判斷員工對組織文化的認同程

度，也可以用來研究組織文化認同與其他組織行為變數之間的關係，具有一定的創新意義。此外，由於組織文化認同度完全是個人的感知，不像人與組織匹配的量表那樣會受到文化背景的影響，因此組織文化認同度量表具有相當的普適性和通用性。

此外，本研究發現的組織文化認同度四維度中，認知、情感、行為三個維度，與已有的組織認同測量維度（Dick，2004）和文化認同的測量維度（陳月娥，1986；劉明峰，2006）近似，都與心理學的認知原則相符。但本研究發現的第四個維度：社會化層面，則具有一定的創新性。

社會化層面這一維度，指的是員工把組織的價值觀、理念和行為規範內化到自己心靈的程度。事實上，文化認同本就包含著價值觀內化這一過程，但過去的研究並未把這一過程視為獨立的維度；此外，社會化層面這一維度也具有中國特色，它表明員工願意把自己視為整個組織的一部分，和組織休戚與共、命運相連，這也是組織文化建設所追求的目標之一。

因此，本研究把社會化層面這一維度獨立出來，建立了四個維度的組織文化認同度概念結構和測量工具，不但具備理論上的創新意義，也較為符合中國的情境。

2. 以嚴謹、科學的方法，對組織人際和諧進行了系統性的探索

「和諧」一向是中國傳統文化的重心之一，也是目前中國社會主義建設的方向。然而，儘管早在兩千多年前的儒家經典中就出現了和諧的理念思想，但至今關於和諧的詳細內涵及衡量方式，還不是十分清楚。

本研究以組織為背景，採用規範的紮根理論方法，依照人際對象的不同，建立了由同事和諧、上下級和諧、整體和諧三個維度構成的組織人際和諧概念模型，並編制出了相應的量表。該量表同樣通過了大樣本資料的信度、效度檢驗，具有可操作性。

組織人際和諧量表可以用於直觀地衡量組織的和諧氣氛，也可以用以研究人際和諧與其他變數之間的關係，具備理論和實踐上的意義。

此外，過去的研究多半將人際和諧視為單一維度的變數（如Misra, Suvasini & Srivastava，2000；Jason, Reichler & King，2001；黃囉莉，1999），並未對人際和諧的概念做進一步的分解和細化。本研究則依照人際關係對象的差異，把組織內部的人際和諧區分為同事和諧、上下級和諧、整體和諧三個維度，這三個維度基本涵蓋了組織內部所有的人際關係網路；同時，依照人際對象來區分關

係類型的做法,也與儒家的古典思想吻合。

本研究建立的組織人際和諧三維度模式,不但在人際和諧的理論研究上是較新的嘗試,同時也進一步整合了古典思想和現代管理理論。此外,同事和諧、上下級和諧和整體和諧這三者對組織都具有相當的重要性,因此也具備實踐上的意義。

3. 探索了組織人際和諧、組織文化認同度對組織承諾、離職意向的影響

本研究在建立了組織文化認同度和組織人際和諧概念結構的基礎上,進一步以定量研究方法驗證了組織文化認同度、組織人際和諧、組織承諾、離職意向四個變數之間的相關。結果發現,組織文化認同度對組織承諾有正向影響,對離職意向則有負向影響;而組織人際和諧不但對組織文化認同度有影響,而且會通過組織文化認同度而影響組織承諾及離職意向。

組織承諾和離職意向都是組織效能的重要衡量指標,而提高員工的組織承諾、降低員工離職意向,也是組織文化建設的最終目標。然而,由於缺乏組織文化認同的測量工具,因此到底文化建設對於提升組織效能到底有多少助益,過去並沒有太多的實證研究支持。

本研究則以自行研發的組織文化認同度量表作為工具,以實證研究方法證明了組織文化認同度與組織承諾存在正相關,與離職意向存在負相關。這就以更直接的方式證明了組織文化建設的重要性;因為組織文化建設有助於提高員工對文化的認同程度,進而加強員工的組織承諾、減低離職意向,使得員工願意全心全意投入到組織中,為組織創造效益。

另一方面,組織人際和諧與組織文化認同度有關,並且會通過組織文化認同度而影響組織承諾、離職意向,這說明了在組織內部建立和諧氛圍的必要性。當組織內部建立起一種融洽、互相支持、互相體諒的和諧氛圍時,員工對組織的價值體系會更加認同與投入,同時帶動著員工對組織的向心力和凝聚感,使員工不會輕言離職。這說明了人際和諧確實可以帶來效益。

4.對變革型領導量表進行修訂,並探索了變革型領導的作用機制

變革型領導是領導研究的熱點話題,這種通過建立願景、激發員工潛能、發展團隊意識來改變員工的領導方式,已經被證實是最有效的領導方式之一。然而,變革型領導的測量工具是在西方背景下開發的,翻譯成中文後存在一些語義不清、條目重複的問題,對中國背景下的變革型領導研究造成一定的困難。

本研究在變革型領導理論的基礎上,參照中國的環境與文化背景,對變革

型領導量表進行了簡化和修正，除了刪除、合併了部分語義重疊的條目外，並對量表的修辭進行了調整，使之更容易被中國員工所理解。經過專家討論和大樣本的資料核對，證實修訂後的量表結構穩定、具備較好的信度和效度，可以有效測量中國背景下的變革型領導風格。因此，變革型領導量表的簡化和修訂也是本研究的貢獻之一。

此外，雖然目前已有眾多研究說明變革型領導對組織效能有影響，但關於其中的具體作用機制，以及有哪些變數起到了中介作用，目前還不十分清楚。

本研究則以修訂完成的變革型領導量表為基礎，以實證資料證明了變革型領導與組織人際和諧、組織文化認同度有關，而且會通過這兩者而影響到組織承諾和離職意向。變革型領導者能夠提高組織內的人際和諧氛圍、提升員工對組織價值體系的認可和接受程度，進而使得員工高度投入到組織中，為組織創造效益。

因此，本研究深化了對變革型領導作用機制的探索，證明了組織人際和諧和組織文化認同度兩個變數，都在變革型領導的作用過程中起到了中介作用。當然，在這個作用過程中是否還涉及其他的變數，本研究未能進行完全的探究；但這已經有助於往後的學者繼續探討變革型領導的作用和影響機制。

5. 對報業集團的組織文化和組織行為進行了嚴謹的實證研究

過去對組織行為的研究，甚少專門針對報業或其他傳媒組織進行探索。而在傳媒經營管理領域的相關研究，大體而言以論述性、經驗性的文章為主，定性研究為輔，真正採用規範的定量研究工具，對傳媒集團進行組織行為學研究的卻非常稀少。

本研究在建構了組織文化認同度量表、組織人際和諧量表，並對變革型領導量表進行修訂完善的基礎上，進一步選擇了《聯合報》和《南方都市報》兩家有代表性的報業集團進行研究，考察了兩家報業集團的組織文化類型、組織文化認同度、組織人際和諧、組織承諾與離職意向等方面的表現。儘管兩家報業集團並不足以代表海峽兩岸的報業總體狀況，但這樣的研究思路和研究方法，對於後續針對傳媒集團的實證研究，具有一定的啟發意義。

8.3.2 **實踐創新**

除了理論上的創新外，本研究還有實踐上的創新意義：

1.為組織文化建設提供了有效的考核工具

近十幾年來，中國企業出現了一波組織文化建設的熱潮，許多企業都熱衷於提煉自身的文化理念體系，並通過文化培訓、文體活動等方式，把文化傳達給員工。然而，由於組織文化建設的考核工具並不完善，企業難以有效衡量文化建設的效果，也無從得知文化有沒有進入員工的心裏；在缺乏考核和回饋的情形下，許多企業的文化建設都收不到應有的效果，徒然浪費了時間、精力和企業的資源。

本研究通過科學的手段，所開發出的「組織文化認同度量表」，正好可以作為組織文化建設的考核工具。由於文化是作用在員工身上，文化建設的目標也是要把價值體系落實到員工的心裏，因此，測量員工對組織文化認同程度的量表，是相當適合的文化考核手段。企業可以在展開文化建設後，定期衡量各部門員工的文化認同程度；如果文化認同度有顯著提高，代表文化建設有了一定效果，相反地，如果員工的組織文化認同度毫無變化，則說明文化建設可能需要加強或是進行修正了。

另外，組織文化認同度量表分為認知、情感、行為和社會化四個維度，除了遵循心理學的認知原則外，這也體現了文化認同的過程。一般情況下，員工是先瞭解、記住組織文化，才會對文化產生情感上的歸屬，進而以實際行動來支持文化建設，並把組織的價值體系內化到自己心靈。

對企業而言，四個維度的分析有助於判斷組織文化建設是否到位，以及在哪些層面需要加強。例如本書的案例研究部分，兩家企業都是認知層面的文化認同度最低，而社會化層面最高，說明案例企業的組織文化建設還是較為出色的，員工對組織的向心力較高；然而，文化體系沒有經過很好的提煉和總結，才導致員工不太清楚組織文化的內涵。這就指明了接下來組織文化建設應該走的方向。

2. 有助於企業正確理解組織文化的作用

毫無疑問，近年來企業文化熱潮的湧現，是因為企業管理人員相信文化能夠起到作用，特別是相信文化有助於提高組織的效能。然而，由於組織文化理論尚未完善，對於怎樣的文化有助於提高效益、文化又是怎樣發揮作用的，還不是十分清楚。在缺乏足夠的理論指導下，許多企業對文化建設出現了誤區：

有些管理者相信文化萬能，只要文化建設好了，企業的一切問題就迎刃而解；另一些管理者則反其道而行，認為只有硬性的資源和指標才有用，文化這種軟性的東西是起不到什麼作用的。

本研究主要在探討組織文化認同度的概念結構和作用機制。經過實證分析，發現組織文化認同度確實有助於提高員工的組織承諾，降低員工的離職意向。這就證明了組織文化認同對組織效能有所助益，至少它能夠提高員工對組織的投入感、向心力和責任感，並減低員工離職的可能性。

這有助於企業更深入地瞭解組織文化作用的。事實上，文化絕不是無用的，但不是只要提煉了文化就能發揮作用；文化必須體現到員工身上，讓員工產生共識、對文化認同和遵守，才能夠發揮作用。而且，組織文化主要作用還是在凝聚人心，使員工朝著共同的目標努力，至於能否造成組織績效的改善，還涉及很多其他的因素；除了文化建設外，企業同樣必須注意市場機會的把握和自身核心能力的發展，才能夠在快速變化的環境中生存並發展下去。

提高員工對組織的投入、忠誠和責任意識，並且使員工不輕易離職，這確實是每個企業都樂見的。因此，本研究可以說在一個程度上驗證了組織文化的作用，並且有助於企業瞭解組織文化的意義和影響。

3. 協助企業正確認識人際和諧的概念和作用

「和諧」不僅是中國文化的重要內涵之一，也是目前中國社會發展的方向。和諧的重要性在企業中也有所體現，許多企業在文化建設中都十分重視和諧、互助、體諒等內容。

然而，由於過去對人際和諧這一概念研究的較少，也較不清楚該如何測量人際和諧。因此許多企業儘管重視建設和諧文化，卻不知道該怎麼衡量組織內部和不和諧，也無從得知和諧文化建設的成效；另外，對於和諧到底能起到什麼作用，許多企業也說不清楚。這導致不少企業的和諧文化建設淪為口號，難以落到實處。

本研究通過嚴謹的紮根理論方法，所開發的「組織人際和諧量表」，正好可以作為企業衡量內部和諧狀況、考核和諧文化建設成效的工具。量表分為同事和諧、上下級和諧、整體和諧三個維度，體現了不同的人際關係和不同的和諧內涵，有助於企業更深入瞭解哪一類和諧表現較好、哪一類和諧需要改善。例如本書的案例研究中，安莉芳的人際和諧狀況就是同事和諧、上下級和諧較好，而整體和諧表現較差；這說明該企業的部門內部較為團結，但各部門之間

的協作卻存在不足，有互相推諉、大局意識不夠的現象，這就指引出了和諧文
化的建設方向。

此外，本研究還通過實證分析，驗證了組織人際和諧與組織文化認同度有
關，且會通過文化認同而影響組織承諾、離職意向，這在一定程度上證明了和
諧的重要性。企業如果能塑造出和諧、互相幫助、互相體諒的作風和人際氣氛，
不但可以提升員工對組織文化的認同程度，還有助於提高員工的投入感和向心
力，並使員工不輕易離職。換句話說，建設和諧文化並不是空穴來風，人際和
諧的提高確實對企業有所助益。

4. 有助於管理人員發展有效的領導風格

企業的主要領導者對整個企業有巨大的影響力，不但他的決策會影響企業
的走向，他的領導風格也會深刻影響員工的精神風貌和工作狀態；這點在中國
背景下尤其明顯。

本研究對變革型領導的作用機制，及其和組織文化認同度的關係進行了探
索。不但進一步驗證了變革型領導對組織效能的影響，而且也證明變革型領導
有助於提高員工的文化認同度，以及組織內的人際和諧氣氛。換句話說，變革
型領導是相當有效的領導方式。

這就表明，企業管理人員如果想要提高組織的效益、提升員工對組織文化
的認同程度，改變領導風格是可行的手段。作為領導者，不能再只利用職位權
力和正式的制度規範來指揮員工，而必須要透過較為軟性的方式，以樹立願景、
以身作則、關懷員工、激發員工的潛能等方式，讓員工自願追隨領導者，為企
業貢獻出最大的努力。這樣一來，企業自然能收到超出預期的回報。

5. 有助於傳媒集團的管理者更加深入地探索本身的組織文化與員工行為

過去，傳媒集團由於本身體制和經營模式上的特殊性，加上傳媒集團本身
通常規模較小、人員結構也不及其他產業的企業集團那般複雜，因此傳媒集團
的經營管理相對較為依賴經驗，較少利用現代化、科學化的管理工具和手段來
優化自身的經營模式與管理方法。特別在對內部人員的管理方面，雖然許多傳
媒集團領袖（如南方報業集團的領導班子，和廣州日報集團領導班子等）已經
意識到組織文化內聚人心、外塑品牌的作用和重要性，也有意識想打造強勢的
組織文化，但卻苦於缺乏足夠的理論和方法支持，顯得有心無力。

而本研究通過自行建構的組織文化認同度量表（OCIS）和組織人際和諧量
表（OIHS），加上組織文化類型、組織承諾、離職意向等規範的組織行為研究

工具，針對《聯合報》和《南方都市報》兩家有代表性的報業集團進行調研，證實了這些組織文化和組織行爲研究工具、量表同樣適用於針對傳媒集團的研究；本研究並通過實證分析，指出了《聯合報》和《南方都市報》兩家報業集團在組織文化類型、文化認同度、組織承諾等方面的不足之處，並提出了有針對性的改善建議。

本研究所採用的研究思路、工具和分析套路，對於傳媒集團的管理者們而言是具有一定啓發意義的。組織文化是一個組織的靈魂，優秀而強勢的組織文化能夠起到凝聚人心、激勵員工、改善內外部關係、提升員工滿意度和顧客認同度等方面的作用；但想要打造良好的組織文化，首先必須對組織當前的文化氛圍、文化強度和員工心理等有充分的認識，才能直指要害，有針對性地優化組織的文化內涵、氛圍及相關機制。因此傳媒集團領導者們應該盡可能吸收組織行爲學領域的理論、框架和研究方法，包括本研究所採用的研究量表，對集團自身的組織文化和員工行爲進行深入調研，在充分瞭解集團自身在文化方面的優劣勢的基礎上，開展全面而有針對性的組織文化建設。早在上個世紀 30 年代，霍桑實驗（Hawthorne experiments）的種種發現就告訴管理者，員工的滿意度、積極性，以及員工之間的關係和非正式群體的存在，對組織的管理有效性會產生巨大的影響。因此，傳媒集團的管理者必須更加關注員工的行爲和心理狀況，通過科學化、規範化的研究工具瞭解組織本身的文化氛圍和員工心理，並據此提出有針對性的改革建議。在這一方面，本研究的思路和方法無疑是有一定啓發價值的。

8.4 本書主要不足與未來研究建議

本研究通過較爲嚴謹的方法，對組織文化認同度、組織人際和諧的概念結構及影響機製作了初步研究，取得了一定程度的創新。但本研究仍存在以下不足：

1. 受時間和成本的考量，本研究在問卷調查上採取便利抽樣的方式，在量表建構與驗證的階段，針對企業總共收取到480份有效樣本，樣本數量受到一定局限；而在針對報業集團進行研究的階段，《聯合報》和《南方都市報》兩家報業集團共回收299份有效樣本，樣本規模同樣不大。若往後能進一步加大樣本

量，將可對組織文化認同度的結構和作用機制進行更深入而細緻的分析，同時對於傳媒相關產業的組織文化和組織行為情況也能有更為全面而深入的理解。

2. 本研究涉及的變數限於個體層面。本研究涉及的變數包含組織文化認同度、組織人際和諧、變革型領導、組織承諾和離職意向，在調查方式上全部限定在個體層面，研究的是員工個人的情況和想法。而組織文化認同度其實不僅與個體層面的變數有關，與團隊層面、組織層面的變數也有一定關聯，因此往後的研究若能考慮其他層面的變數，將可進一步豐富研究內容。

3. 在傳媒研究這方面，由於精力、時間有限，本研究僅僅針對報業集團進行了調研，並以《聯合報》和《南方都市報》為對象，而並未對電視臺、廣播電臺、網路新媒體等媒介組織進行研究，同時在報業集團研究這方面也只限於都市報，並沒有針對黨報、專業報、晚報等類型的報紙進行調研。研究對象的局限性，使得本研究難以對整體傳媒產業做出更加全面的推論。此外，比較性的研究（例如報業與電視產業的比較、傳統媒體與新媒體組織的比較等）也難以進行。

基於以上幾點不足，今後的研究工作可以從下面幾個方面著手：

1. 進一步擴大樣本量。更大的樣本量可以進一步檢驗本研究所建構的組織文化認同度、組織人際和諧概念模型的信度和效度，也可以更深入、全面地探索組織文化認同度、組織人際和諧與其他變數之間的關係，有助於更好地揭示組織文化認同度的作用機制。

2. 加入其他組織行為變數，特別是團隊層面、組織層面的變數。本研究僅把組織承諾和離職意向列為結果變數，實際上組織文化認同度和組織人際和諧與其他變數也存在關聯，後續研究可以考慮把工作績效、工作滿意度、組織公民行為等變數引入，更可以把團隊層面、組織層面的一些變數引入，進一步豐富研究的內容。

3. 採用縱向資料。變革型領導對組織文化認同度、組織人際和諧的影響需要一段時間的積累，而文化認同、人際和諧對結果變數的影響同樣有一個過程，單純採用橫截面的資料，對因果關係的論證難免有疏漏之處。若能採用長期追蹤同一組樣本的做法，收集縱向的資料資訊，將可深化對各變數之間影響機制和過程的研究。

4. 進行跨國籍、跨行業的比較研究。理論上來說，組織層面的因素會對員工的組織文化認同產生影響，不同國籍、不同行業、不同性質的企業，員工的

文化認同度可能存在差異。後續研究若能收集到數量較大、具有代表性的企業樣本，就可以深入研究組織特性對員工文化認同的影響。

　　5. 在傳媒領域，可以選擇更多樣化的傳媒組織進行研究，例如若能針對黨報和都市報組織的組織文化和員工心理進行比較研究、紙媒與電子媒體的比較研究，乃至於傳統媒體與新媒體的比較研究等。這樣的跨業界、大樣本的比較分析，不僅有助於分析不同傳媒產業之間的異同，對於瞭解傳媒產業的總體狀況也有較大的幫助。

後記

　　從來沒想到我的第一本專著，會拖了這麼長時間才真正定稿、出版。

　　無法原諒自己的拖延症。這本書的底稿是我的博士論文《中國企業組織文化認同度及其作用機制之研究》，寫作於 2008 年。畢業之後，一直想找機會完善自己的論文，並以專著的形式出版。沒想到隨後投入新工作、評職稱、申請課題、孩子出生…一連串的事情紛遝而來，導致這本專著一拖就是五年的時間。不由得想到管理學的著名定律「帕金森定律」：如果一個人給自己安排了充裕的時間去完成一項工作，他就會放慢節奏，或者增加其他項目以便用掉所有的時間。這似乎在我身上得到了最好的體現。

　　終於，在我的小女兒出生之際，終於抽空完成了這本書最後幾張的寫作和補完工作，讓這本幾乎難產的著作，最終得以避免夭折的命運。

　　五年的時間，對於大多數有時效性的研究課題而言，或許都太長了，足夠讓黃花菜都涼了。但再一次慶倖，組織文化認同度這一研究課題，至今依然上得了臺面，這本專著在今天出版，也還不算過時；畢竟，文化可以說是人類永恆的話題，對於組織文化的探索和實踐，依然是今天企業管理界的熱門焦點。

　　五年來，本人在博士論文的基礎上繼續進行了一些相關研究，其中部分研究成果已經發表在國內外學術刊物上，並得到了一些學術同僚們的肯定，這令我受寵若驚，也感覺極為慚愧。如今這本專著的出版，雖然在時效上已經算不上新鮮事，但也算是總結了目前關於「組織文化認同度」及「組織人際和諧」這幾個概念的研究成果；更重要的是，完成了對自己的一項交代，作為學術界的菜鳥，這本書的出版，算是給自己前幾年的工作，下了一個不大不小的注腳。

　　五年後再次回顧自己的博士論文，依然有許多不完善的地方，作為學術界的新手，文獻的閱讀、概念的提取、調研的展開、理論的建構，方方面面都難免存在不成熟、不充分之處，也請同行們不吝大力批評指正。或許世間本沒有完善的事物，這將是激勵我繼續研究、持續精進的動力。

衷心感謝我的導師——張德教授精心的指導。是張教授帶領我進入了人力資源和組織文化的領域，也是他啓發了我的研究思路，更是他激勵我走上了學術研究這條職業道路。他的嚴格要求、熱切鼓勵和全力支持，促使我克服一個又一個困難，他淵博的學識、嚴謹求實的治學態度和睿智寬容的學者風範，將是我永遠學習的榜樣。在本人博士班畢業五年後，張德教授依然熱心地在百忙之中爲本書寫序，耐心地爲我提供指導，可以說，沒有張德教授，就沒有本書的完成。

感謝清華大學楊百寅教授、張勉副教授及張進副教授在探索性研究及討論過程中給予的指導和協助。感謝清華大學王雪麗副教授、吳志明副教授、曲慶副教授，澳門大學劉丁己副教授，和所有被調查企業及報業集團，在問卷調查中給予的支持。感謝暨南大學新聞與傳播學院范以錦院長、支庭榮教授、張晉升教授等領導、同事對我的幫助和關心。

感謝馬月婷、潘文君、李寧、余玲豔、段蘇桓、曾超、曹金等一眾同門的熱情幫助和支持。即使畢業多年，在看到本書的時候，我的思緒依然會飄回在清華園的歲月，課堂的學習、校園的漫步，每一次的調研、討論、閱讀、講座，都讓我受益匪淺、回味無窮，無論多少年以後回想起來，那每一個瞬間、每一幅畫面，都依然歷歷在目。清華大學，那不僅代表著我們的青春，也是徹底改變我們人生軌跡的殿堂，是我們永遠的母校；無論過了多久，無論身在何方，我永遠都是清華人。

最後，感謝我的家人，父母對我無微不至的關懷和鼓勵，使我能夠順利地走上學術這條路。更感謝我的妻子屈楊，九年來她一直在身邊默默地支持我，是她撐起了整個家，還生了一對可愛的兒女，讓我能夠無後顧之憂地去研究自己感興趣的課題。

謹以此書獻給我摯愛的父母、妻子、兒女、老師，以及所有幫助過我的人。

陳致中 2014 年 5 月 29 日於暨南大學

參考文獻

英文部分：

[1]　Alfonso Sousa-Poza & Fred Henneberger. Analyzing job mobility with job turnover intentions: an international comparative study [J]. *Journal of Economic Issues*, 2004, 38(1): pp.113-137.

[2]　Albert, S., Ashforth, B. E. & Dutton, J. E. Organizational Identity and Identification: Charting new waters and building new bridges [J]. The Academy of Management Review. 2000, 25(1): 13-17.

[3]　Alimo, M.B. Towards the development of new transformational leadership questionnaire [C], 24th International Congress Assessment Centre Methods, San Francisco, 1998.

[4]　Allen，N. J.& Meyer，J, P. Afective，continuance and normative commitment to the organization：an examination of con-struct validity [J]. Journal of Vocational Behavior，1996(49):262-276.

[5]　Ashforth，B. E.& Mael，F. Social identity theory and the organization [J]. Academy of Management Review, 1989(14): 20-39.

[6]　Autry, C.W., Daugherty, P.J. Warehouse operations employees: Linking person-organization fit, job satisfaction, and coping responses [J]. Journal of Business Logistics, 2003, 24(1): 171-197.

[7]　Bamber, E.M. & Iyer, V.M. Big 5 auditors' professional and organizational identification: consistency or conflict [J]. *Auditing*, 2002, 21(2): pp. 21-38.

[8]　Banks, P. M., Banks, C. A. Multicultural education: Issues and Perspectives [M]. Boston: Allyn and Bacon, 1989.

[9]　Barley, S.R., Meyer, G.W. & Gash, D.C. Cultures of culture: academics, practitioners and the pragmatics of normative control [J]. *Administrative Science Quarterly*, 1988, 33(1): pp. 24-60.

[10]　Bass, B. M. Leadership and Performance Beyond Expectations [M]. New York: Free Press. 1985.

[11]　Bass, B.M. From transactional to transformational leadership: Learning to share the vision [J]. Organizational Dynamics, 1990, 18(3): 19-31.

[12]　Bass, B. M.Two Decades of Research and Development in Transformational Leadership [J],

European Journal of Work and Organizational Psychology, 1999, 8(1) : 9-32.

[13]   Bass, B. M.On the Taming of Charisma: A Reply to Janice Beyer [J]. Leadership Quarterly, 1999(10): 541-553.

[14]   Bass, B. M. & Avolio, B. J.The Implications of Transactional and Transformational Leadership for Individual, Team, and Organizational Development [M], In R. W. Woodman & W. A. Pasmore (Eds.) , Research in Organizational Change and Development, 1990(4): 231-272. Greenwich, CT: JA1 Press.

[15]   Bass, B., Avolio, B. Improving organization effectiveness through transformational leadership [M]. Thousand Oaks, CA: Sage Publications, 1994.

[16]   Becker H. S.Notes on the Concept of Commitment [J]. American Journal of Sociology, 1960(66): 32~42.

[17]   Bember，E. M.& Iyer，V. M. Big 5 auditors'professional and organizational identification：consistency or conflict [J]. Auditing, 2002(21): 21-38.

[18]   Bennis, W., Nannus, B. Leaders: The strategies for taking charge [M]. NY: Harper& Row, 2000.

[19]   Bergami, M. & Bagozzi，R. P. Self-categorization，affeetive commitment and group self-esteem as distinct a*peeta of Social identity in the organization [J]‧British Journal of Social Psychology. 2000(39): 555-577.

[20]   Berry, J. W., Trimble, J.E. & Olmedo, E.L. *Assessment of Acculturation* [M]. In Lonnew, W. & Berry J., Field method in cross-cultural research. Newbury Park, CA: Sage, 1986.

[21]   Bhugra, D. Cultural identities and cultural congruency: a new model for evaluating mental distress in immigrants [J]. Acta Psychiatrica Scandinavica, 2005(111): 84-93.

[22]   Bhuian, S.N., Menguc, B. An extension and evaluation of job characteristics, organizational commitment and job satisfaction in an expatriate, guest worker, sales setting [J]. The Journal of Personal Selling& Sales Management, 2002, 22(1): 1-11.

[23]   Bluedorn, A.C. A unified model of turnover from organizations [J]. Human Relations, 1982, 35(2): 135-153.

[24]   Bowen, D.E., Ledford, G.E. Jr., Nathan, B.R. Hiring for the organization not the job [J]. Academy of Management Journal, 1991, 5(1): 31-51.

[25]   Braithwaite, V. Harmony and security value orientations in political evaluation [J]. *Personality and Social Psychology Bulletin*, 1997, 23(4): pp. 401-414.

[26]   Bretz, R.D., Judge, Jr. T.A. The role of human resource systems in job applicant decision

processes [J]. Journal of Management, 1994, 20(3): 531-551.

[27] Brooke, P.P., Price, J.L. The determinants of employee absenteeism: An empirical test of a causal model [J]. Journal of Occupational Psychology, 1989(62): 1-19.

[28] Burns, J. M. Leadership [M]. New York, NY: Harper& Row.1978.

[29] Cable, D.M., DeRue, D.S. The covergent and discriminant validity of subjective fit perceptions [J]. Journal of Applied Psychology, 2002, 87(5): 875-884.

[30] Cable, D.M., Edwards, J.R. Complementary and supplementary fit: A theoretical and empirical integration [J]. Journal of Applied Psychology, 2004, 89(5): 822-834.

[31] Cable, D. M., & Judge, T. A. Person-organization fit, job choice decisions, and organizational entry [J]. Organizational Behavior and Human Decision Processes, 1996(67): 294–311.

[32] Cable, D. M., & Judge, T. A. Interviewers' perceptions of person–organization fit and organizational selection decisions [J]. Journal of Applied Psychology 1997(82): 546–561.

[33] Cameron K. S., Quinn R. E. Diagnosing and changing organizational culture: based on the competing values framework [M]. AddisOn—Wesley, 1999: 30, 31, 126, 9.

[34] Campbell J P, Brownas E A, Peterson N G, et al. The measurement of organizational effectiveness: A review of relevant research and opinion [R]. Minneapolis. Final Report, Navy Personnel Research and Development Center, Personnel Decisions, 1974.

[35] Cascio, W.F. Applied Psychology in Personnel Management (4th ed.) [M]. Englewood Cliffs, NJ: Prentice-Hall, 1991.

[36] Chatman, J. Matching people and organization: Selection and socialization in public accounting firms [J]. Administrative Science Quarterly, 1991, 36: 459-484

[37] Cheney, G. The rhetoric of identification and the study of organizational communication [J]. Quarterly Journal of Speech. 1983, 69(2): 143-158.

[38] Cheney G, Tompkins P K. Coming to terms with organizational identification and Commitment [J]. Central States Speech Journal, 1987, 38(1): 1~15

[39] Davis, S.M. Managing Corporate Culture [M]. Cambridge, MA: Ballinger Publishing Company, 1984.

[40] Deal T E, Kennedy A. A. Corporate cultures: the rites and rituals of corporate life [M]. Mass.: Addison-Wesley, 1982: 5.

[41] Dehyle, D. Constructing failure and maintaining culturakl identity: Navajo and Ute school leavers [J]. Journal of American Indian Educatuon. 1992, 25-46.

[42] Denison, D.R. Bringing corporate culture to the bottom line [J]. Organizational Dynamics, 1984, 12: 4-22.

[43] Dick, R.V., Wagner, U., Stellmacher, J. The utlity of a broader conceptualization of organizational identification: which aspects really matter? [J] Journal of Occupational and Organizational Psychology, 2004, 77(2): 171-191.

[44] Downey, H.K., Hellriegel, D., Slocum, J.W. Jr. Congruence between individual needs, organizational climate, job satisfaction and performance [J]. Academy of Management Journal, 1975, 18(1): 149-155.

[45] Dukerich, J M, Gilden, B R & Shortell, S M. Beaudy in the eye of the beholder: The impact of organizational identification, identity, and image of cooperative behaviors of physicians [J]. Administrative Science Quarterly. 2002, 47(3): 507-533.

[46] Dutton，J E，Dukerieh，J M & Harquail，C Organizational images and member identification[J]．Administrative Science Quarterly．1994(34)：239-263．

[47] Edwards, J.R. The study of congruence in organizational behavior research: critique and a proposed alternative [J]. Organizational Behavior and Human Decision Process, 1994, 58(1): 51-100.

[48] Elizur, D., Koslowsky, M. Values and organization commitment [J]. International Journal of Manpower, 2001(22): 593-599.

[49] Enz, C. Power and shared values in the corporate culture [M]. Michigan, Ann Arbor: UMI Research Press, 1986.

[50] Fisher R J, Wakefield K. Factors leading to group identification: A field study of winners and losers [J]. Psychology and Marketing. 1998, 15(1): 23-40.

[51] Friedman, H.H., Langbert, M., Giladi, K. Transformational leadership: Instituing revolutionary change in your accounting firm [R]. Thr National Public Accountand, 2000(5).

[52] Gardner, M.P. Creating a corporate culture for the eighties [J]. Business Horizons, 1985(28): 59-63.

[53] Gellatly, I.R. Individual and group determinants of employee absenteeism: Test of a causal model [J]. Journal of Organizational Behavior, 1995(16): 469-485.

[54] Geyer, A.L., Steyrer, J.M. Transformational leadership and objective performance in bank [J]. Applied Psychology: An International Review, 1998(47): 397-420.

[55] Goodman, S.A., Svyantek, D.J. Person-organization fit and contextual performance: Do

shared values matter [J]. Journal of Vocational Behavior, 1999, 55(2): 254-275.

[56] Helms, J.E. *Black and White Racial Identity* [M]. New York: Greenwood Press, 1990.

[57] Hill, C L. Academic achievement and cultural identity in rural Navajo high school students [D]. Unpublished doctoral dissertation, The Brigham Young University, 2004.

[58] Hodge, B.J., Anthony, W.P., Gales, L. Organization Theory [M]. Prentice-Hall International Inc., 1996.

[59] Hofstede, G. Cultures and Organizations. Software of the mind [M]. McGraw-Hill press, 1997: 98-131.

[60] Hofstede, G., Neuijen, B., Ohayv, D. and Sanders, G. Measuring organizational cultures: a qualitative and quantitative study across 20 cases [J]. Administrative Science Quarterly, 1990(35): 286-316.

[61] Hutnik, N. *Ethnic Minority Identity: A Social Psychological Perspective* [M]. New York: Oxford University Press, 1991.

[62] Igbaria, M. & Greenhaus, J.H. Determinants of MIS employees' turnover intentions: a structural equation model [J]. *Communications of the ACM*, 1992, 35(2): pp.34-49.

[63] Ivan Dick，R，Wagner，U，Stellmaeher，J & Christ，O．The utility of a broader conceptualization of organizational identification : which aspects really matter9,[J]．Journal of Occupational and Organizational Psychology, 2004, (77):171 191.

[64] Jantzi, D., Leithwood, K. Toward an explanation of variation in teachers' perceptions of transformational school leadership [J]. Educational Administration Quarterly, 1996, 32(4): 512-538.

[65] Jason, L.A., Reichler, A., King, C., Madsen, D., Camacho, J., Marchese, W. The Measurement of Wisdom: A Preliminary Effort [J]. Journal of Community Psychology, 2001, 29(5): 585-598.

[66] Kanter, R.M. Commitment and social organization: a study of commitment mechanisms in utopian communities [J]. *American Sociological Review*, 1968, 33(4): pp. 499-517.

[67] Kazanas, H.C. Relationship of job satisfaction and productivity to work values of vocational education graduates [J]. Journal of Vocational Behavior, 1978, 12(2): 155-164.

[68] Knoll, K.E. *Communication and Cohesiveness in Global Virtual Teams* [D]. Doctoral Dissertation, University of Texas at Austin, 2000.

[69] Koehles, J. Transformational leadership in government [M]. Delrav Beach, Fla: St. Licie Press, 1997.

[70] Kotter, J.P. & Heskett, J.L. *Corporate Culture and Performance* [M]. New York: Free Press, 1992.

[71] Kottke, J L, Sahrainski, C. Measurement perceived supervisor support and organizational support [J]. Educational and Psychology Measurement, 1988(48): 1075-1079.

[72] Kreiner G E, Hollensbe E C, Sheep M L. Where is the「me」among the「we」? Identity work and the search for optimal balance [J]. Academy of Management Journal, 2006, 49(5): 1031-1057.

[73] Kristof, A. L. Person–organization fit: An integrative review of its conceptualizations, measurement, and implications [J]. Personnel Psychology, 1996(49): 1–49.

[74] Kristy, J L, Kristof-Brown, A. Distinguishing between employees' perceptions of person-job and person-organization fit [J]. Journal of Vocational Behavior, 2001(59): 454-470.

[75] Kung-Shankleman, L. Inside the BBC and CNN: managing, media organisations [M]. London: Routledge, 2000.

[76] Lahiry, S. Building Commitment through Organizational Culture [J]. Training and Development, 1994: 50-52.

[77] Lauver, K.J., Kristof-Brown, A. Distinguishing between employees' perceptions of person-job and person-organization fit [J]. Journal of Vocational Behavior, 2001, 59(3): 454-470.

[78] Likert, R.The Human Organization: Its Management and Value, McGraw-Hill [M]. New York, NY, 1967.

[79] Mael，F. A., Ashforth，B. E. Alumni and their almamater：a partial test of reformulated model of organizational identification [J]. Journal of Organizational Behavior，1992(13)；103-123．

[80] Mael, F. A., Ashforth, B. E. Loyal from day one: biodata, organizational identification, and turnover among newcomers [J]. Personnel Psychonoly, 1995, 48(2), 309-333.

[81] March, J.G., & Simon, H.A. Organizations [M]. NY: John Wiley& Sons Inc., 1958.

[82] Martin, T.N. A contextual model of employee turnover intentions [J]. Academy of Management Journal, 1979(22): 313-324.

[83] Mathieu, J.E., Zajac, D.M. A review and meta-analysis of the ancedents, correlates, and consequences of organizational commitment [J]. Psychological Bulletin, 1993(10): 171-194.

[84] Mayer, R. E. Educational Psychology: A cognitive approach [M]. Boston: Little, Brown and Company, 1987.

[85] McNeilly, K.M., Russ, F.A. The moderating effect of sales force performance on relationships involving antecedents of tyrnover [J]. Journal of Personal Selling& Sales Management, 1992, 7(1): 9-20.

[86] Meglino, B.M., Ravlin, E.C., Adkins, C.L. A work values approach to corporate culture: a field test of the value congruence process and its relationship to individual outcomes [J]. Journal of Applied Psychology, 1989, 74(3): 424-432.

[87] Meyer, J. P , & Allen, N. J. Testing the'Sidebet Theory'of Organizational Commitment: Some Methodological Considerations [J], Journal of Applied Psychology, 1984(69): 372-378.

[88] Meyer, J. P., & Allen, N. J. Commitment in the Workplace: Theory, Research and Application [M]. Thousand Oaks, CA: Sage. 1997.

[89] Michaels, C.E., Spector, P.E. Causes of employee turnover: A test of the Mobbley, Griffeth, and Meglino model [J]. Journal of Applied Psychologu, 1982(67): 53-59.

[90] Miller, N. & Pollock, V.E. Meta-analytic synthesis for theory development [M]. In Cooper, H. & Hedges, L.V. (Eds). The Handbook of Research Synthesis. New York: Russell Sage, 1994.

[91] Misra, G. irishwar, Suvasini, C., Srivastava, A.K. Psychology of Wisdom: Western and Eastern Perspective [J]. Journal of Indian Psychology, 2000, 18(1-2): 1-32.

[92] Mona, L J, Tamara, L W, Carmen G. Linda, T G, Roberto J. V. The Psychometric Propertics of the Orthogonal Cultural Identification Scale in Asian Americans [J]. Journal of Multicultural Counseling and Development, 2002(30): 181-191.

[93] Morgan, J M, Reynolds, C M, Nelson, T.J., Johanningmeier, A. R. & Griffin, M. A.Tales from the fields: sources of employee identification in agribusiness [J]. Management Communication Quarterly. 2004, 17(1): 360-395.

[94] Morrow, P. Concept redundancy in organizatioal research: The case of work commitment [J]. Academy of Management Review, 1983(8): 486-500.

[95] Mowday, R. T., Steers, R. M., & Porter, L. W. The Measurement of Organizational Commitment [J]. Journal of Vocational Behavior, 1979, 14(2): 224-247.

[96] Mueller, C.W., Price, J.L. Economic, Psychological and sociological determinants of voluntary turnover [J]. Journal of Behavioral Economics, 1990(9): 321-335.

[97] Mullen, B. & Copper, C. The relationship between group cohesiveness and performance [J]. Psychological Bulletin, 1994, 115(2): pp. 210-227.

[98] Netemeyer, R.G., Boles, J.S., McKee, D.O., McMurrian, R. An investigation into the

antecedents of organizational citizenship behaviors in a personal selling context [J]. Journal of Marketing, 1997, 61(3): 85-98.

[99] O'Reilly CA III, Chatman J. Organization commitment and psychological attachment: The effects of compliance, identification and internalization on prosaically behavior [J]. Journal of Applied Psychology, 1986(71): 492-499.

[100] O'Reilly, C. and Chatman, J. Culture as social control: corporations, cults and commitment [J]. Research in Organizational Behavior, 1996(18): 157-200.

[101] O'Reilly, C., Chatman, J. and Caldwell, D. People and organisational culture: a profile comparison approach to assessing person-organisation fit [J]. Academy of Management Journal, 1991, 34(3): 487-516.

[102] Oetting, E.R. & Beauvais, F. Orthogonal cultural identification theory: the cultural identification of minority adolescents [J]. *Substance Use and Misuse*, 1991, 25(s5-s6): pp. 655-685.

[103] Ouchi, W. and Price, R. Hierarchies, clans, and theory Z: a new perspective on organizational development [J]. Organizaition Dynamics, 1978, 7 (2): 25-44.

[104] Ouchi, W.G. Theory Z [M]. Addison-Wesley. Reading, MA, 1981.

[105] Parkes, L.P., Bochner, S., Schneider, S.K. Person-organization fit across cultures: an empirical investigation of individualism and collectivism [J]. Applied Psychology: An International Review, 2001, 50(1): 81-108.

[106] Patchen，M · Participation，achievement，and involvement on the job [M]. Englewood Cliffs，NJ：Prentice-Hall，1970 ·

[107] Peters, T.J.and Waterman, R.H. In search of excellence: lessons from American's best-run companies [M]. New York, NY: Harper & Row, 1982.

[108] Pettigrew, A.M. On studying organizational cultures [J]. Administrative Science Quarterly, 1979(24): 570-81.

[109] Phinney, J S. Ethnic identity in adolescents and adults: Review of research [J]. Psychological Bulletin, 1990(3): 499-514.

[110] Podsakoff, P. M., MacKenzie, S. B., Moorman, R. H., & Fetter, R. Transformational Leader Behaviors and Their Effects on Followers' Trust in Leader, Satisfaction, and Organizational Citizenship Behaviors [J], Leadership Quarterly, 1990(1): 107 -142.

[111] Polzer，J How subgroup interests and reputations moderate the effect of organizational identification on cooperation [J] · Journal of Management. 2004(30): 71-96 ·

[112] Porter L. W., Steers R. M., Mowday R. T., & Boulian P. V. Organizational Commitment, Job Satisfaction and Turnover among Psychiatric Technicians [J]. Journal of Applied Psychology, 1974, 59 (5): 603-609.

[113] Posner, B.Z. Person-organization value congruence: No support for individual differences as a moderating influence [J]. Human Relations, 1992, 45(4): 351-361.

[114] Posner, B.Z., Kouzes, J.M., Schmidt, W.H. Shared values make a difference: An empirical test of corporate culture [J]. Human Resource Management, 1985, 24(3): 293-309.

[115] Price, J.L., Mueller, C.W. A causal model of turnover for nurses [J]. Anademy of Management Journal, 1981, 24(3): 543-565.

[116] Quinn, Beyond Rational Management - Mastering the Paradoxes and Competing Demands of High Performance [M]. Jossey-Bass, San Francisco, CA., 1988.

[117] Quinn, R.E., and Rohrbaugh, J. A spatial model of effectiveness criteria: towards a competing values approach to organization analysis [J]. Management Science, 1983(29): 367-77.

[118] Ravasi, D. & Schultz, M. Responding to organizational identity threats: exploring the role of organizational culture [J]. Academy of Management Journal, 2006, 49(3): 433-458.

[119] Riketta M. Organizational Identification: a Meta-Analysis [J]. Journal of Vocational Behavior. 2005(66). 358-384.

[120] Robbins, S. P. Organizational Behavior [M]. Prentice Hall International, Inc, 1996.

[121] Robbins, S. P. Management [M]. Prentice Hall International, Inc, 1996.

[122] Rousseau, D.M. Quantitative assessment of crganizational culture: The case for multiple measures. In B. Schneider (Ed.) [M], Organizational climate and culture. San Francisco: Jossey-Bass, 1990.

[123] Saffold, G. Culture traits, strengths and organizational performance: moving beyond strong culture [J]. Academy of Management Review, 1988, 13(4): 546-58.

[124] Sagie, A. Employee absenteeism, organizational commitment, and job satisfaction: Another look [J]. Journal of Vocational Behavior, 1998(52): 156-171.

[125] Saks, A.M., Ashforth, B. A longitudinal investigation of the relationships between job information sources, applicant perceptions of fit, abd work outcomes [J]. Personnel Psychology, 1997, 50(2): 395-426.

[126] Sarup, M. Identity, Culture and the Postmodern World [M]. Edinburgh University Press, 1996.

[127] Schein, E. Coming to a new awareness of organization culture [J]. Sloan Management

Review, 1984(1): 3-16.

[128] Schein, E. Organizational Culture and Leadership [M], San Francisco: Jossey-Bass, 1985.1992.

[129] Schein, E. How culture forms, develops, and changes [M]. In Kilmann, R.H., Saxton, M.J., Serpa. R. and Associates (Eds), Gaining Control of the Corporate Culture, Jossey-Bass, San Francisco, CA., 1985a.

[130] Schein, E.H. Organization culture. American Psychology [J], 1990(40): 437-453.

[131] Schein, E.H. The Corporate Culture Survival Guide: Sense and Nonsense About Culture Change [M]. San Francisco: Jossey-Bass, 1999.

[132] Schein, E.H. The role of the fouder in creating organizational culture [J]. Organizational Dynamics, 1983, 12(1): 13-28

[133] Schrodt，P・The relationship between organizational identification and organizational culture：employee perceptions of culture and identification in a retail sales organization[J]・Communication Studies, 2002, (53): 189-202・

[134] Slocum, J.W. Management [M]. Cincinnati: South-Western College Publishing, 1996.

[135] Smelser, N.J. *Handbook of Sociology* [M]. Thousand Oaks, CA: Sage Publications, 1988.

[136] Smidts，A，Pruyn，A T H& van Riel C B M・The impact of employee communication and perceived external prestige on organizational identification[J]・Academy of Management Journal，2001(49): 1051-1062・

[137] Smith, E.J. Ethnic identity development: toward the development of a theory within the context of majority/minority status [J]. *Journal of Counseling & Development*, 1991, 70(1): pp.181-188.

[138] Taife, H., Turner, J C. The social identity of intergroup behavior [M]. In S. Worchel & W. Austin, Psychology of Intergroup Relation, 7-24. Chicago: Nelson Hall.

[139] Testa, M.R. Organizational commitment, job satisfaction, abd effort in the service environment [J]. The Journal of Psychology, 2001, 135(2): 226-236.

[140] Trompenaars, F. & Hampden-Turner, C. *Riding the Waves of Culture* [M]. McGraw-Hill Press, 1998.

[141] Turban, D.B., Koen, T.L. Organization attractiveness: An interactionist perspective [J]. Journal of Applied Psychology, 1993, 78(2): 184-193.

[142] Valentine, S., Godkin, L., Lucero, M. Ethical context, organizational commitment, abd person-organization fit [J]. Journal of Business Ethics, 2002, 41(3): 349-360.

[143] Vancouver, J.B., Schmitt, N.W. An exploratory examination of person-organization fit:

organizational goal congruence [J]. Personnel Psychology, 1991, 44(2): 332-352.

[144] Wallach, E.J. Individuals and organizations: the cultural match [J]. *Training & Development Journal*, 1983, 37(2): pp. 28-36.

[145] Wang, H., Law, K.S., Hackett, R.D., Wang, D., Chen, Z. Leader-Member Exchange as a Mediator of the Relationship between Transformational Leadership and Fo;;owers' Performance and Organizational Citizenshop Behavior [J]. Academy of Management Journal, 2005, 48(3): 420-432

[146] Weiner, Y. Commitment in organizations: a normative view [J]. *Academy of Management Review*, 1982, 7(3): pp. 418-428.

[147] Williams, L. & Anderson, S.E. Job satisfaction and organizational commitment as predictors of organizational citizenship and in-role behaviors [J]. *Journal of Management,* 1991, 17(3): pp. 601-617.

[148] Wollack, S., Goodale, J.G., Wijting, J.P., Smith, P.C. Development of the survey of work values [J]. Journal of Applied Psychology, 1971, 55(4): 331-338.

[149] Weick, K. The social psychology of organizing (3rd ed.) [M]. MA: Addison-Wesley, 1985.

[150] Yoon, J., Thye, S.R. A dual process model of organizational commitment: Job satisfaction and organizational support [J]. Work and Occupation, 2002, 29(1): 97-124.

[151] Yukl, G. Leadership in Organization(4th ed.) [M]. England Cliff, NY: Prentice Hall, 1998.

中文部分：

[1] 白潤生、年永剛，少數民族新聞傳播與構建和諧社會[J]，當代傳播，2007(5): 55-56.

[2] 蔡木霖. 公賣局獎酬結構改變對組織公平、組織承諾、工作滿足及績效的影響[D]. 臺灣：國立臺北大學企業管理學系, 2001.

[3] 陳孟修. 零售業員工的人格特質與工作生活品質對組織承諾、工作投入、服務態度與工作績效的影響研究[D]. 高雄：國立中山大學企業管理系, 1998.

[4] 陳銘，法制新聞如何為構建社會主義和諧社會服務[J]，法制與社會，2007(2).

[5] 陳亞洲，發揮「共振」功能　實現雙贏效果——以和諧理念采寫黨報社會新聞的思考[J]，新聞記者，2007(6): 83-84.

[6] 陳永霞, 賈良定, 李超平, 宋繼文, 張君君. 變革型領導、心理授權與員工的組織承諾：中國情景下的實證研究[M]. 管理世界, 2006(1): 96-106.

[7] 陳膺強. 應用抽樣調查[M]. 臺北：商務印書館，1994.

[8] 陳月娥. 城鄉地區居民生活形態、文化參與及文化認同之研究[D]. 臺北：東吳大學社會學研究所, 1986

[9] 陳枝烈. 臺灣原住民教育[M]. 臺北：師苑出版社. 1997.

[10] 陳枝烈. 原住民兒童組群認同與學習適應、學習成就關係之研究[M]. 臺北：教育部委託編印. 2002.

[11] 陳致中. 報社員工組織文化認同度及其影響之研究[J], 國際新聞界, 2010(5):84-87.

[12] 成中英. 邁向和諧化辯證觀的建立：和諧及衝突在中國哲學內的地位[M]. 知識與價值：和諧、真理與正義的探索, pp3-40. 臺北：聯經出版公司.1986.

[13] 翟雙萍. 先秦儒家的「和而不同」文化觀與當代大學生的人際和諧 [J]. 黑龍江高教研究, 2005(7), 111-113.

[14] 丁強. 構建企業文化的關鍵是什麼？[J]. 企業文化, 2004(2): 50-51.

[15] 杜紅、王重鳴, 領導－成員交換理論的研究與應用展望[J], 浙江大學學報（人文社會科學版）, 2002, 32(6): 73-79.

[16] 范熾文. 國小校長領導行為、教師組織承諾與學校組織績效之研究[D]. 臺北：國立臺灣師範大學教育研究所, 2001.

[17] 范以錦. 南方報業戰略[M], 廣州：南方日報出版社, 2005.

[18] 馮友蘭. 中國哲學史新編[M]. 臺北：藍燈文化公司, 1991.

[19] 古金英. 員工自主性、工作特徵與組織承諾關係之研究：中美日三國電子業之比較[D]. 臺北：中國文化大學國際企業管理研究所, 2000.

[20] 郭秦, 淺議黨報構建和諧社會報導的新聞價值取向[J], 新聞知識, 2006(9): 29-32.

[21] 郭志剛. 社會統計分析方法——SPSS軟體應用[M]. 北京：中國人民大學出版社, 1999.

[22] 韓岫嵐. 現代企業文化建設[M]. 上海: 上海人民出版社, 1992: 25-35.

[23] 河野豐宏著, 彭德中譯. 改造企業文化[M]. 臺北：遠流出版公司, 1992.

[24] 黃囇莉. 人際和諧與人際衝突[M]. 華人本土心理學. 臺北: 遠流出版事業股份有限公司, 2005: 521-566.

[25] 黃囇莉. 人際和諧與衝突：本土化的理論與研究[M]. 臺北: 桂冠圖書公司, 1999.

[26] 黃森泉. 臺灣中部地區原住民國小學生之族群文化學習與族群認同[J]. 原住民教育季刊. 1999(1): 1-32.

[27] 黃英忠, 吳融枚. 公營事業企業文化對組織承諾和工作滿足的影響[J]. 公營事業評論, 2000, 2(1): 25-46.

[28] 黃勇, 用和諧理念創新報業思想政治工作[J], 中國地市報人, 2010(6): 68-69.

[29] 姜吉, 媒介組織文化的構建及其發展狀況[D], 長春：吉林大學碩士論文, 2007.

[30] 金鐘大. 跨文化背景下企業雇員組織承諾研究[D]. 北京: 清華大學人力資源與組織

行爲學系, 2005.

[31] 鞠芳輝, 謝子遠, 寶貢敏. 西方與本土：變革型、家長型領導行爲對民營企業績效影響的比較研究[J]. 管理世界, 2008(5): 85-101.

[32] 賴慶安. 雙語教學對兒童族語學習與族群認同之影響：以屏東縣一所排灣族國小爲例[D]. 臺北：屏東師範學院國民教育研究所. 2002.

[33] 李超平, 時勘. 變革型領導與領導有效性之間關係的研究 [J]. 心理科學, 2003(1).

[34] 李超平, 時勘. 變革型領導的結構與測量 [J]. 心理學報, 2005, 37(6): 803-811.

[35] 李超平, 田寶, 時勘. 變革型領導與員工工作態度：心理授權的中介作用 [J]. 心理學報, 2006, 38(2): 297-307.

[36] 李丁贊, 陳兆勇. 衛星電視與國族想像：以衛視中文台的日劇爲觀察對象[J].新聞學研究, 1998(56): 9-34.

[37] 李亦園. 和諧與均衡：民間信仰中的宇宙詮釋[M]. 文化的圖像（下冊）, pp64-94. 臺北：允晨文化公司. 1992.

[38] 林冠宏. 轉換型領導、組織認同、組織溝通對領導效能影響之研究：以台南縣政府組織變革爲例[D]. 臺北：中正大學企業管理研究所, 2003.

[39] 林佳滬. 知覺組織支持與組織公民行爲：角色定義幅度之中介效果[D]. 臺北：中原大學心理學系, 2005.

[40] 劉光明. 企業文化[M]. 第 3 版. 北京: 經濟管理出版社, 2002: 145-165.

[41] 劉海貴. 中國報業發展戰略[M], 上海：上海人民出版社，2006.

[42] 劉理暉. 我國組織文化的度量與應用研究[D]. 北京: 清華大學人力資源與組織行爲學系, 2005.

[43] 劉明峰. 文化創意與數位內容產品知識對文化認同及來源國形象的創造效應[D]. 臺北：銘傳大學資訊管理學系. 2006.

[44] 劉苑輝. 員工企業文化認同解決方案[J]. 商業時代，2006(3): 93-94.

[45] 羅娜、易巍, 子報子刊促進報業集團和諧發展的有效途徑探討[J]，新聞界，2006(2): 43-44.

[46] 呂京儒. 員工股票選擇權滿意度對組織承諾、工作投入及離職意向影響之研究：以半導體產業爲例[D]. 臺北：育達商業技術學院企業管理研究所, 2004.

[47] 馬雲獻. 變革型和事務型領導研究述評[J]. 河南商業高等專科學校學報, 2006, 19(5): 46-48.

[48] 孟昭蘭. 普通心理學[M]. 北京：北京大學出版社, 1994.

[49] [美]默多克, 劉長樂. 東西論劍：東西方傳媒大亨的對話[M]，北京：北京出版社，

2005.

[50] 彭泰權、董天策. 試論媒介的組織文化[J]，國際關係學院學報，2004(3).

[51] 朴英培. 工作價值觀、領導形態、工作滿足與組織承諾關係之研究：以韓國電子業
為例[D]. 臺北：國立政治大學企業管理研究所, 1988.

[52] 祁海玲，新聞與構建和諧社會[J]，青海社會科學，2006(5): 139-142.

[53] 錢穆. 從中國歷史來看中國民族性及中國文化[M]. 臺北：聯經出版社. 1979.

[54] 邱皓政, 結構方程模式: LISREL 的理論、技術與應用[M]. 臺灣: 雙葉書廊有限公司
出版社, 2003.

[55] 邱淑妙. 團隊人格特質、轉換型領導與團隊效能之關係探討：團隊凝聚力之中介角
色[D]. 高雄：國立中山大學人力資源管理研究所, 2005.

[56] 司徒達賢. 策略管理新論[M]. 臺北：智勝文化，2001.

[57] 譚光鼎, 湯仁燕. 臺灣原住民文化認同與學校教育關係之探討[M] .臺北：臺灣書
店.1993.

[58] 湯仁燕. 臺灣原住民的文化認同與學校教育重構[J]. 教育研究集刊, 2002, 48(4):
78-101.

[59] 王輝，忻蓉，徐淑英. 中國企業 CEO 的領導行為及對企業經營業績的影響[J]. 管理
世界，2006(4): 87-96.

[60] 王佳玉. 轉換型領導與領導效能關聯之研究: 以臺北市政府為個案分析[D]. 臺北:
國立政治大學公共行政學研究所, 1999.

[61] 王玉芹. 組織文化類型、文化強度與組織績效關係的研究[D]. 北京: 清華大學人力
資源與組織行為學系, 2007.

[62] 魏鈞. 中國傳統文化影響下的個人與組織契合度研究[D]. 北京: 清華大學人力資源
與組織行為系, 2005.

[63] 魏均、陳中原、張勉. 組織認同的基礎理論、測量及相關變數[J]. 心理科學進展, 2007,
15(6): 948-955.

[64] 吳海民. 媒體木桶系列圓環之三：媒體企業文化塑造[N]，人民網，2006年10月08
日15:06 ：http://media.people.com.cn/GB/22100/71143/71144/4890666.html

[65] 吳志明, 武欣. 高科技團隊變革型領導、組織公民行為和團隊績效關係的實證研究
[J]. 科研管理, 2006, 27(6), 74-79.

[66] 吳志明、武欣，知識工作團隊中組織公民行為對團隊有效性的影響作用研究[J]，科
學學與科學技術管理，2005，26(8): 92-96.

[67] 吳志明, 武欣. 變革型領導、組織公民行為與心理授權關係研究 [J]. 管理科學學報, 2007, 10(5): 40-47.

[68] 許木柱. 臺灣原住民的族群認同運動：心理文化研究途徑的初步探討[M]. 臺灣新興社會運動, pp127-156. 臺北：巨流出版社, 1990.

[69] 許士軍. 管理學[M]. 臺北：東華印書館，1988.

[70] 楊興鋒. 媒體企業文化與社會責任, 首屆傳媒領軍人物年會暨第三屆中國傳媒創新年會上的講話，2008年1月17日.

[71] 楊宜音. 文化認同的獨立性和動力性：以馬來西亞華人文化認同的演進與創新為例 [M]. 海外華族研究論集（第三卷）. 臺北: 華僑協會總會出版. 2002. 407-420.

[72] 楊中芳. 中國人真是具有集體主義傾向嗎？試論中國人的價值體系[C]. 中國人的價值觀國際研討會論文集（下冊）. 臺北：漢學研究中心出版. 1992.

[73] 余凱成. 人力資源開發與管理[M]. 企業管理出版社, 1997.

[74] 俞文釗, 呂曉俊, 王怡琳. 持續學習組織文化研究[J]. 心理科學, 2002, 25(2): 134-135.

[75] 張燦爛, 方俐洛, 淩文輇. 企業職工的組織承諾[J]. 中國管理科學, 1997(5): 45-51.

[76] 張德. 企業文化建設[M]. 北京: 清華大學出版社, 2003.

[77] 張德. 組織行為學（第三版）[M]. 北京: 高等教育出版社, 2008.

[78] 張德, 吳劍平. 企業文化與CI策劃[M]. 北京: 清華大學出版社, 2002.

[79] 張京援. 後殖民理論與文化認同[M]. 臺北：麥田出版社. 1995.

[80] 張君玫，黃鵬仁譯. 消費[M]. 臺北：巨流出版社，1996.

[81] 張勉，企業員工工作滿意度決定因素實證研究[J]，統計研究，2001(8): 33-37.

[82] 張培德. 組織文化認同感——企業取捨人才的關鍵[J]. 成才與就業，2005(18): 68-69.

[83] 張慶勳. 國小校長轉化、互易領導影響學校組織文化特性與組織效能之研究[D]. 高雄: 國立高雄師範大學教育學系, 1995

[84] 張如慧. 民族與性別之潛在課程－以原住民女學生為例[M]. 臺北：師大書苑. 2002.

[85] 張潤書. 行政學[M]. 臺北: 三民書局, 1998.

[86] 張志鵬. 基於企業文化認同的組織學習與知識創新[J]. 現代管理科學，2005(3): 91-92.

[87] 鄭伯壎, 郭建志, 任金剛. 組織文化:員工層次的分析[M]. 臺北: 遠流出版事業股份有限公司, 2001.

[88] 鄭伯壎. 組織文化價值觀的數量衡鑒[J]. 中華心理學刊, 1990(32): 31-49.

[89] 鄭伯壎. 組織價值觀與組織承諾、組織公民行為、工作績效關係：不同加權模式、

差距模式之比較[J]. 中華心理學刊, 1993, 35(1): 43-58.

[90] 鍾昆原, 人際和諧、領導行為與效能之探討[D]. 高雄: 高雄醫科大學行為科學研究所, 2002.

[91] 鍾昆原, 王錦堂. 華人領導行為與效能：人際和諧觀點[C].上海: 海峽兩岸組織行為與人才開發首屆學術研討會, 2002.

[92] 鍾昆原, 彭台光, 黃曬莉. 不同關係脈絡下華人衝突管理模式初探[C]. 臺北：第四屆國際華人心理學家學術研討會, 2002.

[93] 朱全斌. 由年齡、族群等變項看臺灣民眾的國家及文化認同[J]. 新聞學研究，1998(56): 35-63.

[94] 卓石能. 都市原住民學童族群認同與其自我概念、生活適應之關係研究[D]. 臺北：國立屏東師範學院國民教育研究所. 2002.

附錄 A　Lisrel 數據分析程式

A1. 組織文化認同度二階因子分析程式

```
Title Culture ID CFA
DA NI=20 NO=480
RA FI=K:\CI.dat
LA
CI1 CI2 CI3 CI4 CI5 CI6 CI7 CI8 CI9 CI10
CI11 CI12 CI13 CI14 CI15 CI16 CI17 CI18 CI19 CI20
Mo NY=20 NE=4 NK=1 TE=SY,FI PS=DI,FR GA=FU,FR
LE
Cognitive Affective Behavioral Social
LK
Cultural Identity
FR LY 1 1 LY 2 1 LY 3 1 LY 4 1 LY 5 1 LY 6 2 LY 7 2 LY 8 2 LY 9 2 LY 10 2
FR LY 11 2 LY 12 3 LY 13 3 LY 14 3 LY 15 3 LY 16 4 LY 17 4 LY 18 4 LY 19 4 LY 20 4
FR TE 1 1 TE 2 2 TE 3 3 TE 4 4 TE 5 5 TE 6 6 TE 7 7 TE 8 8 TE 9 9 TE 10 10 TE 11 11
FR TE 12 12 TE 13 13 TE 14 14 TE 15 15 TE 16 16 TE 17 17 TE 18 18 TE 19 19 TE 20 20
PATH DIAGRAM
OU SS MI
```

A2. 組織人際和諧二階因子分析程式

```
Title Interpersonal Harmony CFA
DA NI=13 NO=480
RA FI=K:\IH.dat
LA
IH1 IH2 IH3 IH4 IH5 IH6 IH7 IH8 IH9 IH10 IH11 IH12 IH13
Mo NY=13 NE=3 NK=1 PH=SY TE=SY,FI PS=DI,FR GA=FU,FR
LE
Peer Leader Total
LK
Harmony
FR LY 1 1 LY 2 1 LY 3 1 LY 4 1 LY 5 1 LY 6 2 LY 7 2 LY 8 2 LY 9 2
FR LY 10 3 LY 11 3 LY 12 3 LY 13 3
FR TE 1 1 TE 2 2 TE 3 3 TE 4 4 TE 5 5 TE 6 6 TE 7 7 TE 8 8 TE 9 9 TE 10 10 TE 11 11 TE 12
12 TE 13 13
```

PATH DIAGRAM
OU SS MI

A3. 組織文化認同度作用機制結構方程模型：

Title TL-IH-CI-OC SEM
DA NI=15 NO=480
LA
TI CC NC AC CCI ACI BCI SCI PIH LIH TIH MTL ITL CTL InTL
RA FI=K:\SEMdata2.dat
SE
TI
CC NC AC
CCI ACI BCI SCI
PIH LIH TIH
MTL ITL CTL InTL/
MO NY=11 NE=4 NX=4 NK=1 PH=ST PS=ST,FI TD=SY, FI TE=SY, FI BE=FU, FI GA=FU, FI
LE
Turnover Commitment Culture_ID Harmony
LK
T_Leader
PA LY
1(1 0 0 0)
3(0 1 0 0)
4(0 0 1 0)
3(0 0 0 1)
PA LX
4(1)
FR BE 1 2 BE 1 3 BE 2 3 BE 2 4 BE 3 4 GA 1 1 GA 3 1 GA 4 1
FR TD 1 1 TD 2 2 TD 3 3 TD 4 4
FR TE 1 1 TE 2 2 TE 3 3   TE 4 4 TE 5 5 TE 6 6 TE 7 7 TE 8 8 TE 9 9 TE 10 10 TE 11 11
FR PS 1 1 PS 2 2 PS 3 3 PS 4 4
PATH DIAGRAM
OU SE TV RS SS MI EF

附錄 B　組織文化認同度預調研問卷

組織文化調查問卷

您好！

　　我是清華大學經濟管理學院的博士生，目前正在進行一項關於組織文化的調查研究，希望您能抽出 10 分鐘時間，幫助我們完成這份問卷。

　　所有調查資料將只用於學術研究。您的一切個人資料及回答都是保密的，請您放心回答。非常感謝您的支持！

說明：在下列問題表述中，請依據您的情況，選擇最適合您的一個選項。例如：

	非常不同意	不同意	不確定	同意	非常同意
1.我認爲本公司的文化是獨特而與眾不同的				□	

如果您對這句陳述的感覺是「同意」，請在第四欄「同意」選項上打勾

	組織文化部分	非常不同意	不同意	不確定	同意	非常同意
1	我清楚地瞭解我們公司文化的內涵					
2	我可以說出本公司文化的優點和特色					
3	我對公司宣傳的各種典型人物或事蹟很熟悉					
4	我認爲自己與公司是命運共同體					
5	我覺得自己與公司有共同的目標，共同成長					
6	我把老闆視爲自己的典範					
7	我認爲公司提倡的價值觀，正好也是我的做事準則					
8	我認爲維護自己公司的文化是非常重要的					

9	我把公司當作自己的家					
10	當別人批評我們公司時，我會感到氣憤					
11	我非常欣賞我們公司的文化價值觀					
12	我很喜歡本公司的工作氛圍					
13	我很讚賞我們公司的品牌和形象					
14	我為我們公司的文化感到自豪和光榮					
15	我願意為我們公司的文化建設奉獻心力					
16	我覺得在本公司工作是件快樂的事					
17	我對外主動宣揚自己公司的品牌及形象					
18	我活躍地為公司的各種文化活動出謀劃策					
19	我積極地參與公司的文化活動					
20	我總是按照公司文化的要求調整自己的行為					
21	我自覺遵守公司的一切制度和規範					
22	我主動引導其他員工適應公司的文化					
23	我的穿著與言談舉止，都努力與公司文化的要求相一致					
24	我會主動地維護公司的品牌和形象					
25	當有人批評我的公司時，我會覺得是對我個人的侮辱					
26	我非常關心別人是如何看待我的公司的					
27	當我談到公司時，總是說「我們」而非「他們」					
28	公司的成功也就是我的成功					
29	別人讚美我的公司時，我會覺得像在稱讚我一樣					
30	我的行為就像是這家公司的人					

	人際和諧部分	非常不同意	不同意	不確定	同意	非常同意
1	本公司同事之間的相處十分融洽					
2	同事之間總能在工作上互相支持、共同完成目標					
3	在發生衝突時，同事之間能夠互相體諒					
4	同事之間能夠分享工作所需的資訊或資源					
5	同事間是互相信任、互相接納的					
6	上下級之間的溝通非常順暢					
7	上下級之間總可以耐心地傾聽對方的意見					
8	上下級之間是互相尊重、互相關愛的					
9	當上下級意見不一致時，雙方能互相體諒					
10	無論是否在同一部門，員工之間的相處都很和睦、友善					
11	無論是否在同一部門，員工之間都有溫馨、親近的感覺					

12	無論是否在同一部門，員工之間發生聯繫時，感覺都很自然，沒有壓力					
13	無論是否在同一部門，組織內的員工遇到困難時，其他人會主動幫忙					
14	當我有問題時，上級會儘量幫助我					
15	上級會願意瞭解我所提出的抱怨					
16	上級在做決策時，會考慮到部屬的利益					
17	上級會注意到我在工作上特殊的表現					
18	當我需要特別的幫助時，上級會給我適時地幫助					
19	上級會關心我是否對自己的工作感到滿意					
20	上級重視我提出的意見					
21	上級會對我表現出關心					
22	為了達成績效目標，我們單位團結在一起					
23	我喜歡我們單位對工作任務的投入程度					
24	我們單位成員對單位績效的水準有一致期待					
25	我們單位提供我足夠的機會來改進個人績效					
26	我們單位的同事下班後會花時間聚在一起					
27	我們單位的成員很少一起聚會					
28	我們單位的成員寧願單獨行動，而不是像一個團隊那樣在一起					
29	對我而言，這個單位是我所屬的最重要的團體之一					
30	我們單位成員在工作時間外很少聚在一起					
31	我有一些最好的朋友在這個單位裏					

	領導風格部分	非常不同意	不同意	不確定	同意	非常同意
1	公司的各級經理總是為本企業尋找新的機會					
2	公司的主要領導為企業描繪出一幅吸引人的未來藍圖					
3	公司的經理人員會用他的未來計畫去激勵同事					
4	我的直接上級讓我們知道，他對我們有很高的期望					
5	公司的經理人員總是精益求精，堅持要做到最好					
6	公司的經理人員不會滿足於欠佳的績效					
7	公司的經理人員會促進本單位同事之間的合作					
8	公司的經理人員會努力培養員工的團隊精神					
9	公司的經理人員總是以身作則，為下級樹立可以追隨的好榜樣					

10	公司的經理人員不僅透過言傳，更透過身教來領導員工					
11	公司的經理人員在工作時不會在意下級的感受					
12	公司的經理人員在做事時，會體貼地考慮下級的個人需要					
13	公司的經理人員會促使下級往相同的目標一起努力					
14	公司的經理人員努力提供新的視角和方法，讓員工重新去看待那些曾困擾我們的事情					
15	公司的經理人員鼓勵下級用新的方法去思考舊的問題					

	組織承諾部分	非常不同意	不同意	不確定	同意	非常同意
1	目前來說，待在這家公司工作是一件必要的事情					
2	即使心裏頭很想，但現在要我離開這家公司很難					
3	假如我決定要離開這家公司，我目前的生活將會受到影響					
4	因為沒有太多的工作機會，所以我不會考慮離開這家公司					
5	假如不是已經在這家公司投入太多的心力，我可能會考慮換工作					
6	離開這家公司的結果，可能再也找不到這麼好的工作					
7	我不覺得有任何義務要留在這家公司工作					
8	即使對我有利，我也不覺得現在離開公司是對的					
9	如果現在離開這家公司，我會有罪惡感					
10	這家公司值得我對它忠誠					
11	我現在不會離開這家公司，因為我在公司還有尚未完成的責任					
12	這家公司給予我許多的恩惠					
13	我很樂意一輩子都在這家公司工作					
14	我感覺到這家公司的問題就是我的問題					
15	對於這家公司，我並沒有強烈的歸屬感					
16	對於這家公司，我並不覺得有任何的感情					
17	我不覺得自己是這家公司的一分子					
18	這家公司對我而言，有很大的意義					
19	我考慮要辭掉現在的工作					
20	我想著要尋找其他相同性質的工作					
21	我想著要尋找其他不同性質的工作					
22	我準備以實際行動去應徵其他工作					
23	我不會把現在的工作當成長久的工作					
24	我認為我可以找到更適合我的工作					

個人資料部分（只用於統計）：

1. 您的性別是　　A 男　　　　　　　　B. 女

2. 您的年齡是＿＿＿＿＿＿歲

3. 您在本單位工作時間：　A. 1-4 年　　　B. 5-9 年　　C. 10-15 年　D. 15 年以上

4. 您的教育程度是？
   A. 高中及以下　　　B. 大專　　　C. 本科　　　D. 研究生及以上

5. 您的職務類型是？
   A. 高層管理人員　　　B. 中層管理人員　　　C. 基層管理人員
   D. 技術及研發人員　　E. 行銷及銷售人員　　F. 行政、人事等職能人員
   G. 生產人員

6. 您所在公司的類型是？
   A. 國有企業（含國有控股及國有上市企業）　　B.民營企業　　C.港澳臺或外資企業
   　　　　　　　　　　　　　　　　　　　　　　　　　　（＿＿＿＿＿國籍）

7. 您公司的規模：A 100 人以下　　　B 100-500 人　　　C 500-1000 人　　　D 1000-5000 人
   　　　　　　　E 5000 人以上

8. 您公司所在行業：A 農、林、牧、漁業　　　B 採礦業　　C 製造業　　D 電力、燃氣
   及水的生產和供應業　　E 建築業　　F 交通運輸、倉儲和郵政業　　G 資訊傳輸、電
   腦服務和軟體業　　H 批發和零售業　　I 住宿和餐飲業　　J 金融業　　K 房地產業
   L 租賃和商務服務業 M 科學研究、技術服務和地質勘查業　　N 水利、環境和公共
   設施管理業　　O 居民服務和其他服務業　　P 教育　　Q 衛生、社會保障和社會福
   利業　　R 文化、體育和娛樂業　　　S 公共管理與社會組織

衷心感謝您的支持與協助，謝謝

附錄 C 組織文化認同度正式調查問卷

組織文化調查問卷

您好！

　　我是清華大學經濟管理學院的博士生，目前正在進行一項關於組織文化的調查研究，希望您能抽出 10 分鐘時間，幫助我們完成這份問卷。

　　所有調查資料將只用於學術研究。您的一切個人資料及回答都是保密的，請您放心回答。非常感謝您的支持！

說明：在下列問題表述中，請依據您的情況，選擇最適合您的一個選項。例如：

	非常不同意	不同意	不確定	同意	非常同意
1.我認為本公司的文化是獨特而與眾不同的				☐	

如果您對這句陳述的感覺是「同意」，則在第四欄「同意」選項上打勾

	組織文化部分	非常不同意	不同意	不確定	同意	非常同意
1	我清楚地瞭解我們公司文化的內涵					
2	我可以說出本公司文化的優點和特色					
3	我對公司宣傳的各種典型人物或事蹟很熟悉					
4	我很熟悉本公司的品牌形象和宣傳詞					
5	我清楚地瞭解本公司所提倡的價值觀					
6	我非常欣賞我們公司的文化價值觀					
7	我認為公司提倡的價值觀，正好也是我的做事準則					
8	我很喜歡本公司的工作氛圍					
9	我很讚賞我們公司的品牌和形象					
10	我為我們公司的文化感到自豪和光榮					
11	我願意為我們公司的文化建設奉獻心力					
12	我對外主動宣揚自己公司的品牌及形象					
13	我活躍地為公司的各種文化活動出謀劃策					

14	我積極地參與公司的文化活動				
15	我會主動地維護公司的品牌和形象				
16	我認為自己與公司是命運共同體				
17	我覺得自己與公司有共同的目標，共同成長				
18	我把公司當作自己的家				
19	我自覺遵守公司的一切制度和規範				
20	我的穿著與言談舉止，都努力與公司文化的要求相一致				

	人際和諧部分	非常不同意	不同意	不確定	同意	非常同意
1	本公司同事之間的相處十分融洽					
2	同事之間總能在工作上互相支持、共同完成目標					
3	在發生衝突時，同事之間能夠互相體諒					
4	同事之間能夠分享工作所需的資訊或資源					
5	同事間是互相信任、互相接納的					
6	上下級之間的溝通非常順暢					
7	上下級之間總可以耐心地傾聽對方的意見					
8	上下級之間是互相尊重、互相關愛的					
9	當上下級意見不一致時，雙方能互相體諒					
10	無論是否在同一部門，員工之間的相處都很和睦、友善					
11	無論是否在同一部門，員工之間都有溫馨、親近的感覺					
12	無論是否在同一部門，員工之間發生聯繫時，感覺都很自然，沒有壓力					
13	無論是否在同一部門，組織內的員工遇到困難時，其他人會主動幫忙					

	領導風格部分	非常不同意	不同意	不確定	同意	非常同意
1	公司的各級經理總是為本企業尋找新的機會					
2	公司的主要領導為企業描繪出一幅吸引人的未來藍圖					
3	公司的經理人員會用他的未來計畫去激勵同事					
4	我的直接上級讓我們知道，他對我們有很高的期望					
5	公司的經理人員總是精益求精，堅持要做到最好					
6	公司的經理人員不會滿足於欠佳的績效					
7	公司的經理人員會促進本單位同事之間的合作					
8	公司的經理人員會努力培養員工的團隊精神					
9	公司的經理人員總是以身作則，為下級樹立可以追隨的好					

	榜樣					
10	公司的經理人員不僅透過言傳，更透過身教來領導員工					
11	公司的經理人員在做事時，會體貼地考慮下級的個人需要					
12	公司的經理人員會促使下級往相同的目標一起努力					
13	公司的經理人員努力提供新的視角和方法，讓員工重新去看待那些曾困擾我們的事情					
14	公司的經理人員鼓勵下級用新的方法去思考舊的問題					
	組織承諾部分	非常不同意	不同意	不確定	同意	非常同意
1	對我來說，待在這家公司工作是一件必要的事情					
2	即使心裏頭很想，但現在要我離開這家公司很難					
3	假如我決定要離開這家公司，我目前的生活將會受到影響					
4	因為沒有太多的工作機會，所以我不會考慮離開這家公司					
5	我不會離開這家公司，因為我已經在這裏投入了太多心血					
6	如果離開這家公司，我可能再也找不到這麼好的工作					
7	我覺得有義務要留在這家公司工作					
8	即使對我有利，我也不覺得現在離開公司是對的					
9	如果現在離開這家公司，我會有罪惡感					
10	這家公司值得我對它忠誠					
11	我現在不會離開這家公司，因為我在公司還有尚未完成的責任					
12	這家公司給予我許多的恩惠					
13	我很樂意一輩子都在這家公司工作					
14	我感覺到這家公司的問題就是我的問題					
15	我對這家公司有強烈的歸屬感					
16	對於這家公司，我已經有很深的感情					
17	我覺得自己是這家公司的一分子					
18	這家公司對我而言，有很大的意義					
19	我考慮要辭掉現在的工作					
20	我想著要尋找其他相同性質的工作					
21	我想著要尋找其他不同性質的工作					
22	我準備以實際行動去應徵其他工作					
23	我不會把現在的工作當成長久的工作					
24	我認為我可以找到更適合我的工作					

個人資料部分（只用於統計）：

1. 您的性別是　　　A 男　　　　　　　B. 女
2. 您的年齡是＿＿＿＿＿歲
3. 您在本單位工作時間：　A. 1-4 年　　B. 5-9 年　　C. 10-15 年　　D. 15 年以上
4. 您的教育程度是？
　　A. 高中及以下　　　B. 大專　　　C. 本科　　　D. 研究生及以上
5. 您的職務類型是？
　　A. 高層管理人員　　　B. 中層管理人員　　　C. 基層管理人員
　　D. 技術及研發人員　　E. 行銷及銷售人員　　F. 行政、人事等職能人員
　　G. 生產人員　　　　H. 其他＿＿＿＿＿＿＿＿＿
6. 您所在公司的類型是？
　　A. 國有企業（含國有控股及國有上市企業）　　B.民營企業　　C.港澳臺或外資企業
　　　　　　　　　　　　　　　　　　　　　　　　　　　　（＿＿＿＿＿籍）
7. 您公司的規模：A 100 人以下　　　B 100-500 人　　　C 500-1000 人　　　D 1000-5000 人
　　　　　　　　　E 5000 人以上

8. 您公司所在行業．A 農、林、牧、漁業　　　B 採礦業　　C 製造業　　D 電力、燃氣及水的生產和供應業　　E 建築業　　F 交通運輸、倉儲和郵政業　　G 資訊傳輸、電腦服務和軟體業　　H 批發和零售業　　I 住宿和餐飲業　　J 金融業　　K 房地產業　　L 租賃和商務服務業 M 科學研究、技術服務和地質勘查業　　N 水利、環境和公共設施管理業　　O 居民服務和其他服務業　　P 教育　　Q 衛生、社會保障和社會福利業　　R 文化、體育和娛樂業　　　S 公共管理與社會組織

衷心感謝您的支持與協助，謝謝！

軟實力的底蘊：中國背景下的企業文化認同感研究

作　　者：陳致中
發 行 人：陳曉林
出 版 所：風雲時代出版股份有限公司
地　　址：105台北市民生東路五段178號7樓之3
風雲書網：http://www.eastbooks.com.tw
官方部落格：http://eastbooks.pixnet.net/blog
信　　箱：h7560949@ms15.hinet.net
郵撥帳號：12043291
服務專線：(02)27560949
傳眞專線：(02)27653799
封面設計：吳宗潔

法律顧問：永然法律事務所　　李永然律師
　　　　　北辰著作權事務所　　蕭雄淋律師
初版日期：2015年3月

ISBN：978-986-352-156-3

總 經 銷：成信文化事業股份有限公司
地　　址：新北市新店區中正路四維巷二弄2號4樓
電　　話：(02)2219-2080

行政院新聞局局版台業字第3595號
營利事業統一編號22759935
©2015 by Storm & Stress Publishing Co.Printed in Taiwan

定 價：300元

版權所有　　翻印必究
◎ 如有缺頁或裝訂錯誤，請退回本社更換

國 家 圖 書 館 出 版 品 預 行 編 目 資 料

軟實力的底蘊 ： 中國背景下的企業文化認同
感研究 / 陳致中著. — 臺北市 ： 風雲時代,
2015.01
　　面 ；　　公分
ISBN 978-986-352-156-3(平裝)
1.組織文化 2.文化認同 3.中國
494.2　　　　　　　　　　104000484